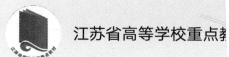

江苏省高等学校重点教

U0586112

能源化学实验

主　编　庞　欢

副主编　陈　铭　鞠剑峰　何　平　薛怀国

中国教育出版传媒集团

高等教育出版社·北京

内容提要

　　本书依据当前实验教学改革发展需要,结合多所高等院校的实验教学改革经验和成果编写而成。全书分为四章,分别为电化学基础实验、储能器件与材料实验、催化与能源转化过程实验、其他实验,共包含 41 个实验项目。

　　本书可作为高等学校能源化学专业、化学化工类各专业的能源化学实验课程教材,也可供其他专业师生和广大科技工作者参考使用。

图书在版编目(CIP)数据

　　能源化学实验/庞欢主编;陈铭等副主编.--北京:高等教育出版社,2023.2

　　ISBN 978-7-04-059598-7

　　Ⅰ.①能… Ⅱ.①庞… ②陈… Ⅲ.①能源-化学实验-高等学校-教材 Ⅳ.①TK01-33

　　中国国家版本馆 CIP 数据核字(2023)第 011066 号

Nengyuan Huaxue Shiyan

策划编辑	李　颖	责任编辑	李　颖	封面设计	张　楠	版式设计	杨　树
责任绘图	黄云燕	责任校对	刘丽娴	责任印制	高　峰		

出版发行	高等教育出版社	网　　址	http://www.hep.edu.cn
社　　址	北京市西城区德外大街 4 号		http://www.hep.com.cn
邮政编码	100120	网上订购	http://www.hepmall.com.cn
印　　刷	人卫印务(北京)有限公司		http://www.hepmall.com
开　　本	787mm×1092mm　1/16		http://www.hepmall.cn
印　　张	11		
字　　数	240 千字	版　　次	2023 年 2 月第 1 版
购书热线	010-58581118	印　　次	2023 年 2 月第 1 次印刷
咨询电话	400-810-0598	定　　价	26.80 元

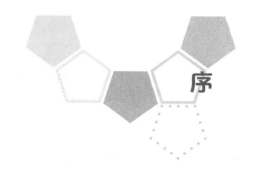

序

　　能源是工业的粮食、国民经济的命脉，关系人类生存和发展，攸关国计民生和国家安全。能源的高效、清洁、安全利用是 21 世纪人类科学研究的重要课题。习近平总书记在党的二十大报告中强调，"深入推进能源革命""确保能源安全"。作为全球最大的能源生产和消费国，我国要在推进现代化进程中实现"双碳"目标，更好完成保障能源安全与推动绿色低碳发展两大任务，必须在能源转型过程中，坚定不移贯彻新发展理念，坚持稳中求进，聚焦重点关键，做到先立后破、有序进退、加减并用。

　　能源化学是化学、物理、化工、材料、信息甚至经济学、管理学、社会学等多学科交叉形成的一门新兴二级学科，旨在利用化学的原理与方法，研究能量获取、储存及转换过程的基本规律，为发展新的能源技术奠定基础。能源化学学科以满足国家能源战略需求，引领国际能源化学前沿为目标，致力于凝练并解决领域内的共性科学问题，构建完整学科体系，促进新兴前沿领域从无到有并变革式发展，推动我国成为国际能源化学研究学术高地。作为一个新兴交叉领域，能源化学的发展急需一批具有扎实的化学基础的跨学科复合创新型研究与应用人才。加强现有能源化学中的基础理论和实验技能训练，可为培养基础宽、应用能力强的高层次人才提供良好支撑。基于此，编写与能源化学相关的实验教材至关重要。

　　但是能源化学自 2016 年被列入教育部新增审批专业以来，尚缺少体系全面、专业性与通用性高、兼顾科学性与前瞻性的优秀配套实验教材。扬州大学庞欢教授在主持编写《能源化学》的基础上，配套主编了《能源化学实验》。该教材共分为四章，第一章以电化学基础实验为基础，后续章节分别从储能器件与材料、催化与能源转化过程、其他实验分类展开。该教材在化学基本操作、制备、分析、表征的基础上，结合能源化学教学内容设置，构建了"基础实验—能源化学综合实验—研究性实验"等多层次实验教学体系，进一步使学生系统地了解能源化学各方面基础知识及实际应用案例，同时突出专业特色，切实保证了人才培养质量。

　　最后，我衷心祝贺《能源化学实验》教材的出版，也衷心感谢所有关心和支持《能源化学实验》出版工作的师生及读者！

于北京大学

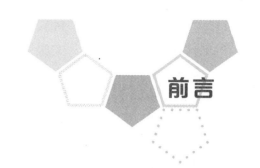

前言

《“十二五”国家战略性新兴产业发展规划》提出了节能环保、新一代信息技术、生物、高端装备制造、新能源、新材料和新能源汽车七大战略性新兴产业，其中多处涉及能源。 而《“十三五”国家战略性新兴产业发展规划》更是强调要把战略性新兴产业摆在经济社会发展更加突出的位置。 如今，我国在“十四五”期间聚焦发展新能源、新材料、新能源汽车、绿色环保等战略性新兴产业。 这都说明能源相关产业的未来发展至关重要。 能源化学则面向能源关键技术，以化学的视角、方法和手段，在常规能源的综合利用、新能源的开发、能源转化和利用效率的提高等方面担当重任。 其作为一个新兴的交叉领域，急需一批具有扎实的化学基础、跨学科、复合型的研究与应用人才。 而作为实验教学重要元素之一的实验教材也必须适应这种新的发展趋势。 本书的编写工作，正是在这种形势下提上日程的。

本书主要依据当前实验教学改革发展需要，结合多所高等院校的实验教学改革经验和成果，参考国内其他院校先进的实验理念编写而成。 全书分为四章：第一章电化学基础实验，包括 5 个实验项目，通过这些实验项目可以加深学生对电化学基础知识的理解，培养与训练学生正确记录、合理处理实验数据和作图的能力；第二章储能器件与材料实验，包括 15 个实验项目，主要目的是使学生熟悉与掌握常见储能器件的组装、常见储能材料的性质、制备方法及在相关储能器件中的应用；第三章催化与能源转化过程实验，包括 14 个实验项目，主要目的是使学生熟悉与掌握催化与能源转化过程的基本原理及相关催化性能的测试方法；第四章其他实验，包括 7 个实验项目，主要目的是进一步扩大实验范围，扩宽实验视野，培养学生运用知识的能力，提高学生的创新能力。

本书内容在化学基本操作、制备、分析、表征的基础上，结合能源化学教学内容设置，构建“基础实验-能源化学综合实验-研究性实验”多层次实验教学体系，旨在使学生系统地了解能源化学各方面基础知识及实际应用案例，同时突出专业特色，切实保证人才培养质量。 在教学安排上，本书注意循序渐进、由易到难，始终注重实验基本操作和基本技能的训练；在教学内容上，本书还选编了一定数量的综合性实验，吸引各层次学生度身选用，努力提高综合素质和创新能力。

本书由庞欢（扬州大学）担任主编，陈铭（扬州大学）、鞠剑峰（南通大学）、何平（南京大学）和薛怀国（扬州大学）担任副主编。 参与本书编写的人员如下：曹瀚宏（浙

Ⅱ 江工业大学，实验 35、36）、陈铭（扬州大学，实验 17）、高杰峰（扬州大学，实验 38）、何平（南京大学，实验 7、11、18）、蒋腾飞（扬州大学，实验 32、33）、鞠剑峰（南通大学，实验 1、2、3、4、5、6、28、29）、刘杰（南通大学，实验 13）、宾端（南通大学，实验 15）、袁小磊（南通大学，实验 26）、李奇（南通大学，实验 23）、曹宇锋（南通大学，实验 30）、王艳青（南通大学，实验 31）、李喜飞（西安理工大学，实验 8、14、16、27）、刘俊亮（扬州大学，实验 40）、倪鲁彬（扬州大学，实验 12）、皮业灿（扬州大学，实验 21、24）、田静琦（扬州大学，实验 22、25）、薛晶晶（浙江大学，实验 37）、张睿（扬州职业大学，实验 9、10、20）、张旺（扬州大学，实验 41）、张沾（扬州大学，实验 39）、赵相玉（南京工业大学，实验 19、34）。

由于编者水平有限，书中难免有疏漏之处，敬请读者批评指正。

2022 年 3 月

扬州大学瘦西湖校区新化馆

目录

第一章

电化学基础实验

实验 1　参比电极的制备

一、实验目的

（1）熟悉参比电极的原理与应用；

（2）掌握甘汞电极、Ag/AgCl 参比电极的制作方法。

二、实验原理

电极和溶液界面双电层的电位为绝对电极电位，是影响电极反应速率的主要因素之一，它直接反映了电极过程的热力学和动力学特征。然而一个单独电极的绝对电极电位是无法测量的。因此，当我们需要测量一个电极的电极电位时，常选择标准氢电极与待测电极组成原电池，然后测定其电动位，令标准氢电极的电极电位为零，这样测出的待测电极的电极电位叫氢标电极电位。

由于标准氢电极需要高纯氢气，应用起来很不方便，所以在实际应用中经常选用另一些使用较方便的电极作为参比电极，它们的氢标电极电位是已知的。

作为参比电极的体系应该是电极电位重现性好、可逆性较大的难极化电极体系，并具有电极电位比较稳定、温度影响较小、制备容易等特点。

常用的参比电极有氢电极、甘汞电极、氧化汞电极、硫酸亚汞电极、氯化银电极等。

1. 甘汞电极

甘汞电极的体系是

$$Hg \mid Hg_2Cl_2(s), KCl(aq)$$

电极反应为

$$Hg_2Cl_2(s) + 2e^- \longrightarrow 2Hg(l) + 2Cl^-(aq) \tag{1-1}$$

甘汞电极的电极电位随着采用的氯化钾溶液的浓度不同而不同，通常使用的氯化钾溶液有 $0.1\ mol \cdot L^{-1}$、$1.0\ mol \cdot L^{-1}$ 及饱和式三种。

2. 氯化银电极

由于甘汞电极的汞是有毒物质，因此，氯化银电极值得重视。

氯化银电极的体系是

$$Ag \mid AgCl(s), KCl(aq)$$

电极反应为

$$AgCl(s) + e^- \longrightarrow Ag(s) + Cl^-(aq) \tag{1-2}$$

其平衡电极电位的数值取决于氯离子的活度。

在实际应用中应根据被测溶液的性质和浓度，选择组成相同或相近的参比电极，如在含有 Cl^- 的溶液中可选用甘汞电极或氯化银电极；在硫酸或硫酸盐溶液中，可选用硫酸亚汞电极；在碱性溶液中可选用氧化汞电极。这种选择方法可使液体接界电位降低至最低程度，从而提高测量结果的准确性，并减少对参比电极的污染。

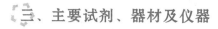

三、主要试剂、器材及仪器

1. 试剂与器材

镀银液,5% HNO_3 溶液,0.1 $mol \cdot L^{-1}$ KCl 溶液,0.1 $mol \cdot L^{-1}$ HCl 溶液,纯汞,Hg_2Cl_2,丙酮,蒸馏水。电镀槽 1 个,电解槽 1 个,电极壳 2 个(图 1-1),银电极 2 支(图 1-2),银片,滤纸,药匙,研钵,胶头滴管 2 支,砂纸,废汞瓶,铜丝,导线若干。

2. 仪器

整流电源 1 台,滑线电阻或变阻器 1 个,毫安表 1 块,数字电压表 1 台。

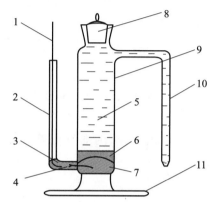

1—电极引线；2—电极引线支管；3—导电汞滴；
4—导电铂丝；5—溶液；6—甘汞糊；7—纯汞；
8—盖；9—电极壳；10—支管；11—底座

图 1-1　甘汞电极结构示意图

1—电极引线；2—电极壳体；3—银棒

图 1-2　银电极结构示意图

四、实验步骤

1. 甘汞电极的制备

(1)清洗电极壳,用蒸馏水洗数次,用滤纸吸干(注意千万不要把电极引线支管内用于导电的汞倒出)。

(2)取几滴纯汞放入电极壳内,使铂丝完全被汞覆盖即可。

(3)取 1 滴纯汞放在研钵内,用药匙取少许甘汞(Hg_2Cl_2)放入研钵中,一起研磨使其均匀后,再加入适量 0.1 $mol \cdot L^{-1}$ KCl 溶液,使之成为甘汞糊。

(4)用吸管取甘汞糊,很小心地放在电极壳内的纯汞上面(不要使甘汞糊和纯汞混合)。

(5)用滴管小心地把被 Hg_2Cl_2 饱和的 0.1 $mol \cdot L^{-1}$ KCl 溶液加入电极壳内,当液面达到支管口处时,将支管的下端口处堵住,再从电极壳上面倒入溶液,然后将支管的下端口松开,使液体顺支管流下。当支管全部充满溶液时(不要有气泡存在),立即盖上盖子。

(6)在电极引线支管中插入一根铜丝至导电汞滴中。

至此,0.1 $mol \cdot L^{-1}$ KCl 溶液的甘汞电极制备完成。

2. 氯化银电极的制备

(1)取银电极,先用粗砂纸除去表面物质,露出银色,测量表面积。

（2）用丙酮清洗银电极,除去表面油污。

（3）用水清洗后,放入 5% HNO_3 溶液中 1 min 左右,除去表面氧化物。

（4）清洗后,进行电镀银。镀银液预先加热到 40~50℃,阳极用银片,阴极电流密度为 $j_c = 0.1\ A \cdot dm^{-2}$,电镀 30 min,电镀银线路如图 1-3 所示。

（5）将镀好的银电极用蒸馏水洗净。再以银电极作为阳极,银片作为阴极,在 $0.1\ mol \cdot L^{-1}$ HCl 溶液中以阳极电流密度 $j_A = 0.1\ A \cdot dm^{-2}$ 进行电解,时间 30 min,制得氯化银电极(表面为淡紫色)。取出用蒸馏水洗净,放在 $0.1\ mol \cdot L^{-1}$ KCl 溶液中浸泡。

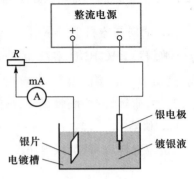

图 1-3 电镀银线路图

3. 电极电位测量

（1）取一标准的甘汞电极作为基准,分别测量制备的 4 支参比电极的电极电位,测量线路如图 1-4 所示。记录测量数据。

（2）按同样线路分别测量制备的两支甘汞电极之间的电位差、两支氯化银电极之间的电位差。记录测量数据。

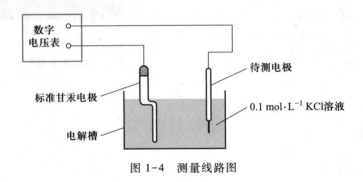

图 1-4 测量线路图

五、实验数据处理

测量制备的两支甘汞电极或两支氯化银电极之间的电位差,分析其原因。电极电位数据参考表 1-1。

表 1-1 几种常用参比电极的电极电位数据($t = 25℃$)

参比电极	体系	电极电位 φ / V	温度系数 r / V·℃$^{-1}$
氢电极	$Pt \| H_2 \| H^+ (a_{H^+} = 1)$	0.000	—
饱和甘汞电极	$Hg \| Hg_2Cl_2, KCl(饱和)$	0.2412	-7.6×10^{-4}
1N 甘汞电极	$Hg \| Hg_2Cl_2, KCl(1\ mol \cdot L^{-1})$	0.2801	-2.4×10^{-4}
0.1N 甘汞电极	$Hg \| Hg_2Cl_2, KCl(0.1\ mol \cdot L^{-1})$	0.3337	-7×10^{-5}

参比电极	体系	电极电位 φ / V	温度系数 r / V·℃$^{-1}$
氯化银电极	$Ag\mid AgCl, KCl(0.1\ mol\cdot L^{-1})$	0.290	-6.4×10^{-4}
氧化汞电极	$Hg\mid HgO, NaOH(0.1\ mol\cdot L^{-1})$	0.165	——
硫酸亚汞电极	$Hg\mid Hg_2SO_4, H_2SO_4(1\ mol\cdot L^{-1})$	0.6141	-8.02×10^{-4}

温度校正公式：

$$\varphi_t = \varphi_{25℃} + r(t - 25℃) \tag{1-3}$$

六、实验注意事项

本实验所使用的汞、甘汞都是有毒药品,对人体极为有害,因此使用时一定不能撒落。因此,作如下要求:

（1）制备甘汞电极时所有操作都要在瓷盘中进行。

（2）每次取汞时,用滴管一次少取,并把器皿（电极壳、研钵等）尽量放在储汞瓶附近。

（3）做完实验后,要把甘汞电极里的物质全部倒入回收烧杯中,把用过的研钵用少许水冲洗,冲洗后的水全部倒入回收烧杯中,切记不可拿到水池中去洗掉。

（4）若发生撒汞情况 ,要及时报告指导教师。

（5）实验结束后要洗手。

（6）对于镀银液、1 mol·L^{-1} HCl 溶液、5% HNO$_3$溶液和丙酮溶液,做完实验后按原样盖好,不要倒掉,以备下组继续使用。

七、思考题

（1）如何确定电极内填充液的浓度？

（2）在不同环境下如何正确选择合适的参比电极？

参考书目及文献

思考题参考答案

实验 2　方波电流法测量电池的欧姆内阻

一、实验目的

（1）了解测量一般欧姆电阻和电池欧姆内阻的区别；

（2）掌握方波电流法测量电池欧姆内阻的原理和方法；

（3）掌握测量锌锰干电池和扣式镉镍电池欧姆内阻的方法。

二、实验原理

电池内阻是评价电池质量的重要指标之一。如果电池内阻很大，当电池工作时，电池内部就会消耗大量的电能，放出大量热，电池的工作电压会下降很快，使电池无法继续工作或失去使用价值。因此，电池的内阻越小越好。直流电通过电池内部时所显示出的电阻叫作电池的全内阻。在生产干电池的企业里，一般都采用直流电流表直接测量电池的短路电流，经过换算，得到电池内阻。

但是，用此法测出的电池内阻，并不是电池的欧姆内阻，而是电池的全内阻。即

$$R = R_\Omega + R_f = R_\Omega + \frac{\Delta\varphi}{I} \tag{2-1}$$

式中，R 为电池的全内阻；

　　R_Ω 为电池的欧姆内阻；

　　R_f 为电池的极化电阻；

　　I 为通过电池的电流；

　　$\Delta\varphi$ 为电池内有电流通过时，正、负极极化所引起的电压降。

从式（2-1）可以看出，电池的全内阻包括两部分：一部分是电池的欧姆电阻，另一部分是电池的极化电阻。电池的欧姆电阻包括电池引线、正（负）极电极材料、电解液和隔膜组成的电阻。其大小与电池所用材料的性质和装配工艺等因素有关，与电池放电（或充电）时电流密度的大小无关，此电阻完全服从欧姆定律。电池的极化电阻是电池内有电流通过时，电池的正、负极的极化（电化学极化和浓差极化）所引起的相当电阻。这两种极化，在不同的条件下，所起的作用不同。其大小主要与电极材料的本性，电极的结构、制造工艺和使用条件有关。对确定的电池产品来说，其大小仅与电池放电（或充电）时的电流有关，此值大小不服从欧姆定律。

电池的极化电阻可以用电化学方法测得，并能分别测出各种极化所占的比例。

使用一般的方法，测出的电池内阻都是电池的全内阻 R。怎样把 R_Ω 和 R_f 分开呢？产生 R_f 的原因是：电池放电（或充电）时，电极上发生了电化学反应和电极表面电解液的浓度发生了变化，由于电化学反应迟缓和液相离子扩散有一定的限度，造成了电极的极化。电化学反应的建立需要一定时间，要达到浓差扩散极限也需要花费时间，一般情况下，需要 10^{-5} s 以上的时间，反应才能趋于稳定。而 R_Ω 是电子通过导体（金属）和离子通过溶液时引起的。电

池通电后,由于在 R_Ω 上产生的电压降建立非常迅速,约需 10^{-12} s,几乎是通电的瞬间就建立了,如图 2-1 所示。

根据这个差别,就可以将 R_Ω 和 R_f 分开。目前较精确地测量电池欧姆内阻的方法有交流电桥法和直流法两种。直流法包括:

(1) 直流稳态法,如伏安法;

(2) 直流暂态法,如方波电流法和脉冲法等。

本实验采用方波电流法测量电池的欧姆内阻。方波电流的波形如图 2-2 所示,在每一周期中有一半是正电压,另一半是负电压。方波电流由方波电流发生器产生,选用的方波频率为 50 kHz·s^{-1}。如选用 50 kHz·s^{-1},在每一周期中电池得到正向电流的时间为 10^{-5} s,而负向电流时间也为 10^{-5} s,在这样短的时间内,电池的欧姆内阻电压降已经完全建立起来了,而电池两极的极化却来不及建立。这时测得的电池电压的变化都由电池的欧姆内阻引

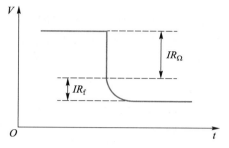

图 2-1　电池开始放电时的电压变化

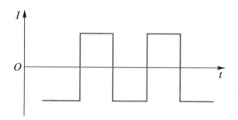

图 2-2　方波电流的波形

起,由此可以把电池的欧姆内阻求出来。由于用的方波频率很高,电池上电压变化必须用示波器或晶体管毫伏表来测量,测量应在短时间内完成。若时间太长,则被测电池就会因放电或充电而发生变化,即电池中电解液浓度和电极中活性物质的变化,从而引起电池内阻的变化。本实验采用比较法,测量线路如图 2-3 所示。图中 R 是可调电阻,用作稳定通过电池的方波电流,阻值为 1~5 kΩ,视方波电流大小而定;R_x 是被测电池;$R_比$ 是可调标准电阻箱。

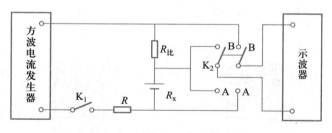

图 2-3　测定电池内阻线路图

三、主要试剂、器材及仪器

1. 试剂与器材

略。

2. 仪器

方波电流发生器,示波器,测量放大器,可调电阻,可调标准电阻箱,双刀双掷开关,电流表,锌锰干电池,扣式镉镍电池。

8

四、实验步骤

（1）按照图 2-3 连接好测量线路。

（2）打开方波电流发生器和示波器的电源。

（3）合上 K_1，把 K_2 打向 AA 端，调节方波输出频率和电流（从小到大），使示波器上显示出一适当波形，并记录其垂直部分 V_1 值。

（4）把 K_2 打向 BB 端，调节 $R_比$ 使 $V_2 = V_1$，并记录此时可调标准电阻箱的电阻值，就等于电池的欧姆内阻。

（5）调换一种电池，按上述步骤重新测量。

五、实验数据处理

比较两种电池的欧姆内阻值并记录在表 2-1 中。

表 2-1　两种电池的欧姆内阻值

电池种类	扣式镉镍电池		锌锰干电池	
	扣式	圆柱式	5 号（AA）	7 号（AAA）
欧姆内阻				

六、思考题

（1）电池的欧姆内阻能否用万用表测量？

（2）是否有其他测量电池欧姆内阻的方法？

参考书目及文献　　　　　　思考题参考答案

实验 3　电化学阻抗谱的测量与解析

一、实验目的

（1）了解应用电化学阻抗谱进行电化学研究的基本原理；

（2）熟悉应用电化学工作站进行电化学测量的基本步骤；

（3）掌握应用电化学工作站测量电化学阻抗谱的方法；

（4）初步掌握应用 Zsimpwin 软件进行电化学阻抗谱解析的方法。

二、实验原理

交流阻抗法应用于电化学体系时，也称为电化学阻抗谱法（electrochemical impedance spectroscopy）。该方法是指控制通过电极的电流（或电位）在小幅度条件下随时间按正弦规律变化，同时测量作为其相应的电极电位（或电流）随时间的变化规律，或直接测量电极的交流阻抗。由于具有线性关系简化、交流平稳态及扩散等效电路集中参数化等优势，该方法已经成为研究电极过程动力学和点击表面现象最重要的方法之一。如一个正弦交流电压可表示如下：

$$E(t) = E_0 \sin(\omega t) \tag{3-1}$$

式中，E_0 为交流电压的幅值；

ω 为角频率。

一个电路的交流阻抗是一个矢量，这个矢量的模值为 $Z = \dfrac{E_0}{I_0}$，矢量的幅角为 ψ。Z 也可表示为

$$Z = |Z|(\cos\psi - j\sin\psi) = Z_{Re} - jZ_{Im} \tag{3-2}$$

式中，Z_{Re} 称为阻抗的实部；

Z_{Im} 称为阻抗的虚部。

$$Z_{Re} = |Z|\cos\psi \tag{3-3}$$

$$Z_{Im} = |Z|\sin\psi \tag{3-4}$$

由于该方法在一个很宽的频率范围内对电极系统进行测量，因而可以在不同的频率范围内分别得到溶液电阻、双电层电容及电化学反应电阻的有关信息。在更为复杂的情况下，不但可以在不同的频率得到有关参数的信息，而且可得到阻抗谱的时间常数个数及有关动力学过程的信息，从而可推断电极系统中包含的动力学过程及机理。因此，测量电极系统的交流阻抗，一般说来有两个目的：一个目的是，推测电极系统中包含的动力学过程及其机理，确定与之相适应的物理模型或等效电路；另一个目的是，在确定了物理模型或等效电路之后，根据测得的阻抗谱，求解物理模型中各个参数，从而估算有关的动力学参数。

三、主要试剂、器材及仪器

1. 试剂与器材

15 mmol · L^{-1} K$_3$[Fe(CN)$_6$]溶液,15 mmol · L^{-1} K$_4$[Fe(CN)$_6$]溶液,1 mol · L^{-1} KCl溶液,环氧树脂密封。铂片,饱和甘汞电极,电解池,面积为 1 cm^2 的泡沫镍电极。

2. 仪器

CHI 电化学工作站。

四、实验步骤

首先连接好电解池,绿色和黄色的线接工作电极,红色的线接对电极,白色的线接参比电极。

电解液为 15 mmol · L^{-1} K$_3$[Fe(CN)$_6$]溶液、15 mmol · L^{-1} K$_4$[Fe(CN)$_6$]溶液和 1 mol · L^{-1} KCl 溶液的混合溶液,覆盖泡沫镍电极(工作电极),对电极选用铂片,参比电极选用饱和甘汞电极。拟建立电路模型图由电阻、电容组成,如图 3-1 所示。

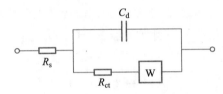

图 3-1　拟建立电路模型图

测试步骤如下:

(1) 启动 CHI 电化学工作站,运行测试软件。在"set up"菜单中点击"technique"选项,在弹出的菜单中选择"A C impedance"。

(2) 在"set up"菜单中点击"Parameters"选项。在弹出的菜单中输入测试条件:初始电位为 0 V,高频为 10 Hz,低频为 0.1 Hz,振幅为 0.01 V,静止时间为 2 s,灵敏度选择自动灵敏度。

(3) 在"control"菜单中点击"run experiment",进行测量。

(4) 测试完毕后,保存并命名测试结果,保存文件格式为 CSV 格式,删除 CSV 文件中两列数据,保存为 TXT 格式文件,以备后续 Zsimpwin 软件模拟使用。

(5) 处理实验数据(见下)。

(6) 实验完毕,关闭仪器,清洗电极。

五、实验数据处理

(1) 打开 Zsimpwin 软件,点开之前的 TXT 格式文件,点击拟合电路图标选择 R(CR)和 R(QR)模型,点击"OK"进行拟合,是否保存点击"是",默认保存路径选择"否",选择自己要保存的文件,然后点击记录本图标查看拟合数据,记录 end 列中的数值。

(2) 根据 end 列中数值大小,分析电路元件值(表 3-1)。

表 3-1　电路模型中各元件参数值

电路元件	参数值
R_s	
R_{ct}	
C_d	

六、实验注意事项

测试系统中除工作区域外用环氧树脂密封。

七、思考题

（1）电化学阻抗谱的意义及其在电化学测试中发挥的作用是什么？

（2）为什么在电化学阻抗谱法测试中扰动信号的振幅越小越好？

参考书目及文献

思考题参考答案

实验4　线性扫描伏安法测试电极扩散系数

一、实验目的

（1）了解旋转圆盘电极（RDE）法在研究电化学反应方面的应用；
（2）熟悉玻碳电极的抛光和制备；
（3）掌握应用 RDE 的线性扫描伏安法测定盘电极的扩散系数。

二、实验原理

线性扫描伏安法（LSV）通过在工作电极上施加一个线性变化的电压，实现物质的定性定量分析或机理研究等目的。线性扫描伏安法实质上是一种电化学扫描分析方法，它采用工作电极作为探头，以线性变化的电位信号作为扫描信号，以采集到的电流信号作为反馈信号，通过扫描探测的方式实现物质的定性和定量。

对线性扫描伏安分析而言，要利用工作电极进行电位线性扫描检测，需要满足两个基本条件：（1）准确控制工作电极的电位按照设定的路径线性变化；（2）准确采集电位扫描过程中产生的电流。由于单个电极的电位无法直接测量，因此需要一个参比电极用于控制工作电极的电位；同时，由于许多测试体系中采集电流相对较大，如果直接用参比电极传导电流，会导致其电位发生变化、失去参考意义，因此需要采用对电极以传导电流。这就形成了电化学测试常用的三电极体系，即工作电极与参比电极组成电位回路，用以控制电位输入信号；工作电极与对电极组成电流回路，用以采集电流输出信号，如图4-1所示。

旋转圆盘电极测试体系，利用电极绕轴的高速旋转，人为地引入对流传质过程，能显著抑制扩散层厚度，加快物质的供应速度，易于建立稳态扩散模式。在静止状态下，常规尺寸平面电极在溶液中的线性扫描伏安图，即典型"峰"形伏安图。然而，当测试电极高速旋转起来时，产生的对流过程能显著减小扩散层的厚度，加快物质的液相扩散供应，从而容易形成稳态扩散和"S"形伏安图。而且，电极的旋转速率越大，其扩散层厚度越小，"S"形曲线上达到平台时对应的稳态电流值越大，如图4-2所示。

图4-1　三电极体系示意图

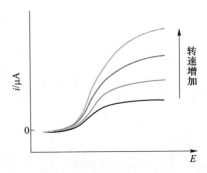

图4-2　旋转圆盘电极在不同转速下的线性扫描伏安曲线

三、主要试剂、器材及仪器

1. 试剂与器材

$0.1\ mol \cdot L^{-1}$ KOH 溶液，O_2 或 N_2。玻碳电极，Ag/AgCl 电极，铂片电极。

2. 仪器

CHI 电化学工作站。

四、实验步骤

1. 电极选择

抛光的玻碳电极用作工作电极，Ag/AgCl 电极用作参比电极，铂片电极用作对电极，$0.1\ mol \cdot L^{-1}$ KOH 溶液用作电解质，采用三电极体系用以消除电极极化、液体接界电位带来的系统电位误差，所测量的电位全部转化为标准氢电极电位，公式如下：

$$E(\text{vs. RHE}) = E(\text{vs. Ag/AgCl}) + 0.0591\ \text{V pH} + 0.197\ \text{V} \tag{4-1}$$

2. 电化学测试

O_2 或 N_2 在 $0.1\ mol \cdot L^{-1}$ KOH 溶液中至少通风 30 min，以保证每次实验前电解质的饱和。对于氧化还原反应，在 $0.1 \sim 1.2$ V(vs. Ag/AgCl)电位窗口上以 $20\ mV \cdot s^{-1}$ 的扫描速率进行循环伏安测试。动力学测试采用线性扫描伏安技术，转速为 $225 \sim 2025$ r·min^{-1}，扫描速率为 $10\ mV \cdot s^{-1}$，电位窗口为 $0.1 \sim 1.1$ V(vs. Ag/AgCl)。动力学扩散系数可由下列公式计算：

$$\eta = a + b\lg j \tag{4-2}$$

$$1/j = 1/j_K + 1/j_L = 1/j_K + 1/(B\omega^{1/2}) \tag{4-3}$$

$$B = 0.62nFC_0D_0^{2/3}\eta^{-1/6} \tag{4-4}$$

式中，j 为实测电流密度；

j_K 为动力学电流密度；

j_L 为扩散极限电流密度；

ω 为电极旋转速率；

B 为 K-L 曲线斜率的倒数；

F 为法拉第常数($96485\ C \cdot mol^{-1}$)；

C_0 为 O_2 浓度($1.2 \times 10^{-6}\ mol \cdot cm^{-3}$)；

D_0 表示 O_2 在电解液中的扩散系数($1.9 \times 10^{-5}\ cm^2 \cdot s^{-1}$)；

η 为动力学黏度($0.01\ cm^2 \cdot s^{-1}$)。

五、实验数据处理

1. 伏安曲线测定

以 $10\ mV \cdot s^{-1}$，$20\ mV \cdot s^{-1}$，$50\ mV \cdot s^{-1}$，$100\ mV \cdot s^{-1}$，$200\ mV \cdot s^{-1}$ 的扫描速率扫描电极极化曲线，记录并作图，找出相应的氧化还原峰电位。

2. 线性扫描伏安曲线测定

以 $10\ mV \cdot s^{-1}$ 的扫描速率在 2025 r·min^{-1}，1600 r·min^{-1}，1225 r·min^{-1}，900 r·min^{-1}，

14　625 r·min⁻¹,400 r·min⁻¹,225 r·min⁻¹的转速下测量电极极化曲线,并作图。在电位为
0.2 V 处取扩散极限电流密度,并代入上述动力学计算公式。

六、思考题

（1）每次进行循环伏安测试前,为什么要对电极进行抛光?

（2）为什么循环伏安曲线要经过软件平滑?

（3）扫描速率对电极极化曲线有什么影响?

参考书目及文献　　　　　　思考题参考答案

实验 5　循环伏安法测定 Ag 在 KOH 溶液中的电化学行为

一、实验目的

（1）了解循环伏安法及其他线性电位扫描法在电化学研究中的应用；

（2）掌握循环伏安曲线的测量方法和实验技术；

（3）学习应用循环伏安法研究体系电化学行为的方法，了解电位扫描速率对循环伏安曲线的影响；

（4）学习应用循环伏安法考察电极过程影响因素（如添加剂等）的方法。

二、实验原理

线性电位扫描法是电化学测量中一类常用的技术，循环伏安法又是其中最为重要的一种电位扫描法。

控制研究电极的电位以恒定的速率从初始电势扫描到换向电位，改变扫描方向，以相同的速率扫描回到初始电位，电位再次换向，反复扫描，这时记录下来的电流–电位扫描曲线，称为循环伏安曲线，这种方法称为循环伏安法。

循环伏安法因具有实验比较简单、得到的信息数据较多、可进行理论分析等特点，在电化学研究中得到了广泛的应用。例如，利用峰值电流可进行定量分析，可以判断电极过程可逆性，对未知电化学体系进行电化学行为的探讨，以及在各应用电化学领域的运用等。

本实验以银丝电极在 KOH 溶液中循环伏安曲线的测量为例，学习利用循环伏安法研究电极电化学行为的一般方法。

银丝电极在 7 mol·L^{-1} KOH 溶液中的循环伏安曲线如图 5-1 所示，其中电极电位为相对于同溶液中 Hg/HgO 电极的电位，记为 φ（vs. Hg/HgO）。

电位从 0 V 开始向正电位方向扫描，此时研究电极表面是金属银。在 0.25 V 以后电流逐渐上升，出现一个比较低、比较平的电流峰，这是金属 Ag 氧化为 Ag$_2$O 所引起的阳极电流峰，其反应方程式为

$$2Ag + 2OH^- \rule[0.5ex]{1.2em}{0.4pt}\rule[0.5ex]{1.2em}{0.4pt} Ag_2O + H_2O + 2e^- \tag{5-1}$$

该反应的平衡电位为 φ（平，vs. Hg/HgO）= 0.246 V。可见曲线上开始出现电流峰的电位与平衡电位偏离很小，说明此时反应极化很小，这同金属 Ag 的导电性很好有关。但是电流始终未达到很大的数值，表现为一个很低、很平缓的电流峰，这是因为反应（5-1）的产物 Ag$_2$O 膜覆盖在电极表面上，导电性迅速下降，阻碍了反应（5-1）的进行。

当电位增至 0.65 V 左右时，一个新的阳极电流峰开始出现，这是由 Ag$_2$O 氧化为 AgO 所引起的，其反应方程式为

$$Ag_2O + 2OH^- \rule[0.5ex]{1.2em}{0.4pt}\rule[0.5ex]{1.2em}{0.4pt} 2AgO + H_2O + 2e^- \tag{5-2}$$

该反应的平衡电位为 φ（平，vs. Hg/HgO）= 0.47 V。显然，曲线上开始出现的第二个氧化峰的电位远比其平衡电位更正，说明此时反应极化很大，这是因为此时 Ag$_2$O 均匀地覆盖

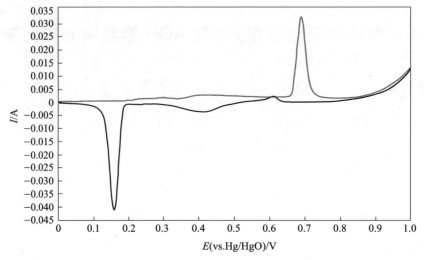

图 5-1　银丝电极在 7 mol·L⁻¹ KOH 溶液中的循环伏安曲线

在银丝电极表面上,而 Ag_2O 的电阻率极高(7×10^8 Ω·cm),大大增加了电极的电阻极化。但是该电流峰远较第一个氧化峰高,这是因为随着反应的进行,Ag_2O 逐渐转化为电阻率较小的 AgO($1.0\sim10^4$ Ω·cm),电阻极化迅速下降,极化电流迅速增大。

当电位扫描至 0.8 V 左右时,电流又开始上升,同时可看到在电极表面上有气体逸出,这时的电流用于析出氧气,其反应方程式为

$$4OH^- \rightleftharpoons 2H_2O + O_2 + 4e^- \tag{5-3}$$

当电位扫描至 1.0 V 时,电位开始换向,进行反向扫描。当电位反向扫描至 0.46 V 左右时,开始出现阴极电流峰,这是由 AgO 还原为 Ag_2O 所引起的,即反应(5-2)的逆反应。该反应的平衡电位为 0.47 V,而曲线上开始出现电流峰的电位约为 0.46 V,差值很小,说明极化很小,这同 AgO 的电阻率较低有关。但是该电流峰峰值较小,原因是随着反应的进行,AgO 又逐渐转化为电阻率极高的 Ag_2O,阻碍了反应的进行。

当电位扫描至 0.2 V 以后时,开始出现第二个阴极电流峰,这是由 Ag_2O 还原为金属 Ag 所引起的,即反应(5-1)的逆反应。该反应的平衡电位为 0.246 V,而曲线上开始出现该电流峰的电位为 0.2 V 左右,说明此时极化较大,这与电极表面上覆盖着导电性很差的 Ag_2O 有关。但是这个电流峰很陡,达到了很高的电流峰值,这是因为随着反应的进行,Ag_2O 逐渐转化为金属 Ag,而金属 Ag 的导电性非常好,迅速改善了电极的导电性,电流迅速上升到很高的数值,成为四个电流峰中最高的电流峰。

由此可见,通过循环伏安曲线可以看出电极上可能进行何种电化学反应,反应可能以何种速率进行,反应具备什么特征,反应可能受到哪些因素影响等,从而探讨体系的电化学特性。因此,在研究一个未知体系时,常常首先采用循环伏安法进行定性的分析。这是循环伏安法的一个重要的应用。

循环伏安法的另一个重要应用是,改变电极反应的某一个条件,同时保持其他条件不变,通过循环伏安曲线的比较,考察这一条件对电极过程的影响。例如,在本实验中,在所用 7 mol·L⁻¹ KOH 溶液中,添加不同剂量的 KCl 作为添加剂,考察 Cl^- 对银丝电极过程的影响。

实验中可以发现,Cl^- 的添加抑制了第二电子的氧化还原过程,说明 Cl^- 可以用作银锌电池中消除高波电压的添加剂,并由此确定其最佳用量。这种用循环伏安法筛选添加剂并确定其最佳用量的方法,同做成实际电池进行筛选的方法相比,具有简便易行,快速实现的优点,可用于大量添加剂的初步优选。

三、主要试剂、器材及仪器

1. 试剂与器材

KOH(分析纯),KCl(分析纯),蒸馏水。H 型三池电解池,银丝研究电极(φ 0.5 cm × 1 cm),Hg/HgO 参比电极,铂片辅助电极,游标卡尺。

2. 仪器

CHI604A 电化学分析仪。

四、实验步骤

(1)打开 CHI604A 电化学分析仪的电源开关,打开计算机电源开关,双击 CHI604A 程序图标,启动 CHI604A 程序。

(2)用游标卡尺测量银丝研究电极的直径和长度。

(3)用蒸馏水清洗电解池,注入 7 mol·L^{-1} KOH 溶液,同时放置好三个电极。

(4)将 CHI604A 电化学分析仪的工作电极接线端(绿色夹头)同银丝研究电极相接,感受电极接线端(黑色夹头)也同研究电极相接,参比电极接线端(白色夹头)同 Hg/HgO 参比电极相接,辅助电极接线端(红色夹头)同铂片辅助电极相接。

(5)点击 CHI604A 程序工具栏上的"Technique"按钮,打开"技术选择对话框",选择"Cyclic Voltammetry"后,按确定。点击工具栏上的"Parameters"按钮,打开"参数选择对话框",在"Initial E(V)"框中输入"0",在"High E(V)"框中输入"1",在"Low E(V)"框中输入"0"。在"Initial Scan"框中选择"Positive",在"Scan Rate(V·s^{-1})"框中输入"0.02",在"Sweep Segments"框中输入"8",在"Sample Interval(V)"框中输入"0.001",在"Quiet Time(sec)"框中输入"120",在"Sensitivity(A·V^{-1})"框中选择"1×10^{-2}"。然后点击"确定"。

(6)点击工具栏上的"Run"按钮,开始循环伏安曲线的测量。测量完毕后,点击工具栏上的"Save As"按钮,将曲线保存为文件。

(7)电极体系及测量条件保持不变,测量扫描速率为 0.05 V·s^{-1} 时的循环伏安曲线。即重复步骤 5~6,只是在打开"参数选择对话框"后,在"Scan Rate(V·s^{-1})"框中输入"0.05"。

(8)电极体系及测量条件保持不变,测量扫描速率为 0.1 V·s^{-1} 时的循环伏安曲线。即重复步骤 5~6,只是在打开"参数选择对话框"后,在"Scan Rate(V·s^{-1})"框中输入"0.1"。

(9)将电解液换成 7 mol·L^{-1} KOH 溶液 + 0.05 mol·L^{-1} KCl 溶液,重新处理研究电极,测量扫描速率为 0.05 V·s^{-1} 时的循环伏安曲线,重复步骤 5~6。

(10)将电解液换成 7 mol·L^{-1} KOH 溶液 + 0.5 mol·L^{-1} KCl 溶液,重新处理研究电

18 极,测量扫描速率为 0.05 V·s^{-1}时的循环伏安曲线,重复步骤 5~6。

五、实验数据处理

（1）实验中共进行了 5 种条件下的循环伏安测试。对于每次实验,根据最后一个循环的循环伏安曲线,分别求出其四个主要电流峰所对应的峰值电位和峰值电流密度,并列表比较。

（2）讨论改变扫描速率对于循环伏安曲线有什么影响。

（3）讨论添加 Cl$^-$对于循环伏安曲线有什么影响。

六、思考题

研究 Ag 在 KOH 溶液中的电化学行为时,为什么电位扫描范围要选择在 0~1 V（vs. Hg/HgO）之间?

参考书目及文献

思考题参考答案

第二章

储能器件与材料实验

实验6　扣式锂离子电池的组装及性能测试

一、实验目的

（1）了解扣式锂离子电池的结构；

（2）掌握扣式电池的组装过程；

（3）深入理解锂离子电池的基本原理；

（4）掌握锂离子电池性能的测试方法以及影响电池性能因素的分析方法。

二、实验原理

在锂离子电池中，正极是锂离子嵌入化合物，负极是锂离子插入化合物。在放电过程中，锂离子从负极中脱嵌，向正极中嵌入，即锂离子从高浓度负极向低浓度正极的迁移；相反，在充电过程中，锂离子从正极中脱嵌，向负极中嵌入。

以 $LiCoO_2$ 为正极为例（图6-1）：（1）充电过程：在充电过程中，正极的电子 e^- 通过外部电路传输到石墨负极，而 Li^+ 从 $LiCoO_2$ 层状结构中脱出并进入电解液里，最后到达负极并嵌入石墨层中，与电子 e^- 结合在一起。（2）放电过程：电子 e^- 和 Li^+ 同时从石墨层中脱出，电子 e^- 从石墨负极经过外部电路传输到 $LiCoO_2$ 正极，Li^+ 从负极先进入电解液里，最后到达 $LiCoO_2$ 正极，与外部电路传输的电子 e^- 结合在一起。

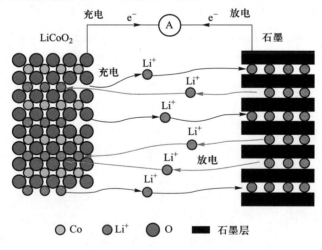

图6-1　锂离子电池工作原理

电极反应如下：

正极　　　　　　　$$LiCoO_2 \underset{\text{充电}}{\overset{\text{放电}}{\rightleftharpoons}} Li_{1-x}CoO_2 + xLi^+ + xe^-$$

负极　　　　　　　$$6C + xLi^+ + xe^- \underset{\text{充电}}{\overset{\text{放电}}{\rightleftharpoons}} Li_xC_6$$

总反应　　　　　　$$6C + LiCoO_2 \underset{\text{充电}}{\overset{\text{放电}}{\rightleftharpoons}} Li_{1-x}CoO_2 + Li_xC_6$$

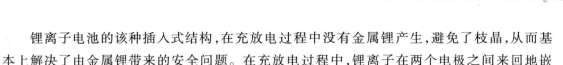

锂离子电池的该种插入式结构,在充放电过程中没有金属锂产生,避免了枝晶,从而基本上解决了由金属锂带来的安全问题。在充放电过程中,锂离子在两个电极之间来回地嵌入和脱嵌,因此锂离子电池被形象地称为"摇椅式电池"(rocking chair batteries)。

三、主要试剂、器材及仪器

1. 试剂与器材

LiCoO$_2$,Vulcan XC-72(导电炭黑),聚偏氟乙烯(PVDF),N-甲基吡咯烷酮(NMP),LiPF$_6$电解液(1 mol·L^{-1},溶剂为体积比为 1:1 的碳酸乙烯酯和碳酸二甲基酯)。CR2032规格的正、负极壳,不锈钢垫片(直径 12 mm,厚度 1.0 mm),铝箔(厚度 16 μm),隔膜(Celgard-2400),锂片,扁头毛笔,绝缘镊子,普通镊子,50 mL(或 100 mL)广口瓶。

2. 仪器

十万分之一分析天平,切片机,真空干燥箱,电池封装压片机,惰性气体手套箱,电化学工作站,电池测试系统,万用表,磁力搅拌器。

四、实验步骤

1. 正极、负极电极片和隔膜的制备

PVDF 溶液的配制,即将 PVDF 溶解在一定量的 NMP 中,如 5 mg PVDF/(100 μL NMP)。先量取一定量的 NMP,倒入干净、干燥的广口瓶中(50 mL 或 100 mL),并加入磁子。再称取一定量的 PVDF,加入 NMP 中,并盖上盖子,用封口膜密封,置于磁力搅拌器上缓慢搅拌,转速一定要慢,能搅动即可。

将正极材料(LiCoO$_2$)、Vulcan XC-72 和 PVDF 溶液按照质量比 8:1:1 放入玛瑙研钵中,研磨均匀,得到一定黏度的电极浆料,然后用扁头毛笔将电极浆料涂覆在铝箔上,随后把涂好后的铝箔置于真空干燥箱中,在80℃下恒温 1 h,最后用切片机进行切片,切成直径为12 mm 的正极片。在分析天平上,分别称量空白铝箔电极片和涂覆正极材料的铝箔电极片,计算铝箔电极片上正极材料的质量。以锂片为负极材料,其直径为 16 mm。以 Celgard-2400 为隔膜,用切片机将其切成直径为 16 mm 的隔膜。

2. 扣式锂离子电池的组装

CR2032 型扣式锂离子电池由 6 部分组成,包括正极壳、正极片、隔膜、锂片、垫片及负极壳。电池组装顺序是正极壳→正极片→隔膜→锂片→垫片→负极壳,具体如下:先放一个正极壳,用镊子取一片涂覆 LiCoO$_2$的铝箔放在正极壳中间,涂覆 LiCoO$_2$的面朝上,滴两滴电解液在正极片上;用镊子取一片隔膜放在正极片上,再滴两滴电解液于隔膜上;用镊子依次取一片锂片与垫片,用绝缘镊子取负极壳并将电池封装,最后使用电池封装压片机,压紧至50 kg·cm^{-2},然后松开,电池制备完成,放入自封袋中,随后转移出惰性气体手套箱。

3. 电池性能测试

(1)电池开路电压测试:先用万用表(量程为 20 V)简单测试电池的开路电压,初步确定电池组装是否合格。负极对正极,正极对负极,若显示电压在 3.0~4.2 V,则电池合格。

(2)电池循环性能测试和电池倍率性能测试:使用电池测试系统进行充放电性能测试,考

察电池的循环稳定性和倍率性能。在 0.2 C 的倍率电流下用电化学工作站进行循环测试。分析电压与比容量关系、循环次数与比容量关系、充放电电流与比容量关系、充放电效率。

五、实验数据处理

（1）用 Origin 软件处理导出的循环伏安曲线数据，作图并标注峰位置，进行分析，写出相应的反应方程式。

（2）用 Origin 软件处理导出的电池在恒定电流密度下的充放电曲线数据，作图并进行分析，获得电池的循环性能。

（3）用 Origin 软件处理导出的电池在不同电流密度下的充放电曲线数据，作图并进行分析，获得电池的倍率性能。

六、实验注意事项

（1）电极浆料配制过程中，严格按照 $LiCoO_2$、Vulcan XC-72、PVDF 溶液的顺序逐一加入，分散均匀，所有电池组装配件和器材要提前准备好。

（2）组装过程中，保证正极片、隔膜、垫片处于正极壳和负极壳中间，以便封装。封装压片过程中，压片的压力严格符合给定的数值。封装好后，应立即用万用表检测电池是否组装成功。

（3）确保所有电池组件尽量中心对齐，隔膜与正极片之间不可引入气泡，封装完成后使用绝缘镊子夹持电池，以防短路。

（4）电化学检测时，电池不要放置过久，防止电池容量损失，影响电池检测数据的准确性。

七、思考题

（1）与其他电池相比，锂离子电池的优点有哪些？影响其性能的因素有哪些？

（2）提高锂离子电池性能的研发方向有哪些？

（3）制作工艺对电池的充放电性能有哪些影响？

参考书目及文献

思考题参考答案

实验 7　锰酸锂正极的高温固相合成及电池性能测试

一、实验目的

（1）了解锰酸锂材料的晶体结构及充放电机理。
（2）了解并掌握锂离子电池的基本组成和性能测试方法。
（3）掌握锰酸锂容量衰减机理。

二、实验原理

1. 尖晶石型 $LiMn_2O_4$ 的晶体结构

尖晶石型 $LiMn_2O_4$ 是一种具有三维离子通道的嵌入化合物，在充放电过程中，随着 Li^+ 的嵌入和脱嵌，其化学计量发生变化，必然引起晶体结构的变化。尖晶石型 $LiMn_2O_4$ 属于 AB_2O_4 型化合物、Fd3m 空间群，其中氧原子呈面心立方密堆积，锰原子交替位于氧原子密堆积的八面体空隙位置，锂原子占据着 1/8 四面体空隙，配位多面体的分布如图 7-1 所示。AB 层中 3/4 八面体空隙被锰离子占有，BC 层中 1/4 八面体空隙和 1/4 四面体空隙分别被锰离子和锂离子占有，其结构颇为复杂。为了清楚起见，可把这种结构看成由 8 个立方亚晶胞所组成，如图 7-2 所示。它们从结构上又可分为甲、乙两种类型。在甲型立方亚胞中，Li^+ 位于单元的中心和 4 个顶角上（对应于晶胞的角和面心），4 个 O^{2-} 位于各条体对角线上距临空的顶角 1/4 处。在乙型立方亚胞中，Li^+ 处在 4 个顶角上，4 个 O^{2-} 位于各条距 Li^+ 顶角的 1/4 处，而 Mn^{3+} 或 Mn^{4+} 位于四条体对角线上距临空顶角的 1/4 处。若把 $LiMn_2O_4$ 晶格看作 O^{2-} 立方最密堆积结构，八面体空隙有一半被锰离子所填，而四面体空隙则只有 1/8 被 Li^+ 所填。因此，其结构可表示为 $Li_{8a}(Mn_2)_{16d}O_4$，其中锰的平均化合价为 + 3.5 价。尖晶石 $LiMn_2O_4$ 结构中各离子的空间位置分布情况如图 7-3 所示。所以，一个尖晶石晶胞有 32 个氧原子，16 个锰原子占据了 32 个八面体空隙位（16d）的一半，另一半位（16c）则是空的，锂原子占据 64 个四面体间隙位（8a）的 1/8。在晶体内，Li^+ 是通过空着的相邻四面体和八面体空隙沿 8a—16c—8a 的通道在 Mn_2O_4 的三维网络结构中嵌入-脱嵌，8a—16c—8a 夹角为 107°，这是 $LiMn_2O_4$ 作为二次锂离子电池正极材料使用的理论基础。

2. 尖晶石型 $LiMn_2O_4$ 的充放电机理

$LiMn_2O_4$ 的理论比容量为 148 $mAh \cdot g^{-1}$，实际比容量一般为 120~130 $mAh \cdot g^{-1}$。在充电过程中，Li^+ 从 8a 位置脱出，Mn^{3+}/Mn^{4+} 值变小，最后变为 $\lambda-MnO_2$，只留下稳定的 $[Mn_2]_{16d}O_4$ 尖晶石骨架。放电过程中，嵌入的 Li^+ 在静电力的作用下首先进入势能较低的 8a 空位。充电过程中，主要有两个电压平台：4 V 和 3 V。前者对应于锂从四面体 8a 位置脱嵌，后者对应锂嵌入空的八面体 16c 位置。锂在 3 V 附近的脱嵌存在着立方体 $LiMn_2O_4$ 和四面体 $Li_2Mn_2O_4$ 之间的相转变，锰从+3.5 价还原至+3.0 价；而在 4 V 附近的脱嵌则保持着尖晶石结构的立方对称性。图 7-4 是典型的 $LiMn_2O_4$ 材料在 0.1 C 倍率下的首圈充放电曲线。

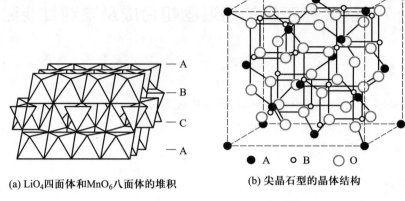

(a) LiO_4四面体和MnO_6八面体的堆积   (b) 尖晶石型的晶体结构

● A   ○ B   ◯ O

图 7-1 尖晶石型 $LiMn_2O_4$ 结构

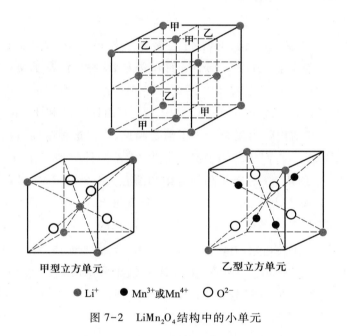

甲型立方单元   乙型立方单元

● Li^+ ● Mn^{3+}或Mn^{4+} ○ O^{2-}

图 7-2 $LiMn_2O_4$ 结构中的小单元

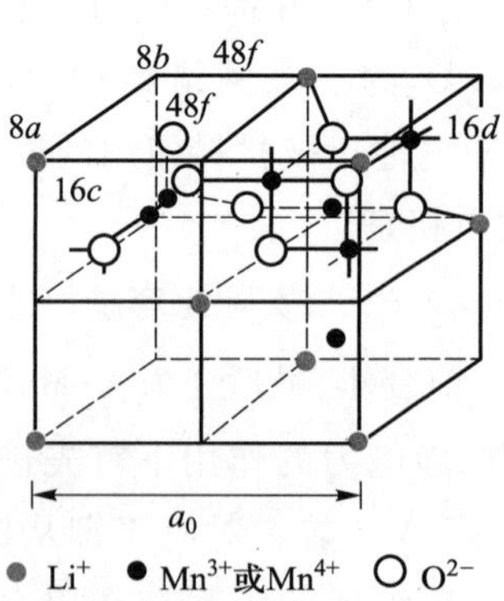

8b   48f
8a   48f   16d
16c

a_0

● Li^+ ● Mn^{3+}或Mn^{4+} ○ O^{2-}

图 7-3 尖晶石型 $LiMn_2O_4$ 结构中各离子的空间位置分布情况

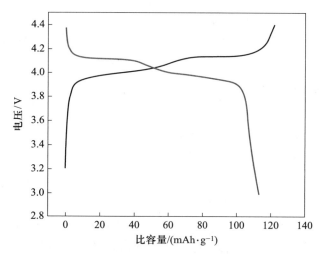

图 7-4　典型的 $LiMn_2O_4$ 材料在 0.1 C 倍率下的首圈充放电曲线

3. 尖晶石型 $LiMn_2O_4$ 容量衰减的原因

（1）Jahn-Teller 效应　尖晶石型 $LiMnO_4$ 循环性能差的主要原因之一是 Jahn-Teller 效应所导致的结构不可逆转变，Mn^{3+} 的存在是该效应的本质诱因。放电结束时，锰的平均价态接近 +3.5，随着 Mn^{3+} 含量增加，晶体的结构扭曲加剧，使尖晶石的三维隧道结构被破坏，阻碍锂离子的嵌入，从而最终导致可逆容量下降。

（2）锰的溶解　锰的溶解是造成尖晶石型 $LiMn_2O_4$ 正极材料比容量衰减的又一直接原因，它导致尖晶石中的晶格产生缺陷，使得晶体结构变得无序化，阻塞锂离子的脱嵌通道，影响锂离子在其中的扩散，从而导致容量下降。根据研究结果，在高温条件下（55℃ 以上），锰的溶解速率会加快，且随着温度的升高，溶解损失也逐渐加大。

（3）电解液的分解　电解液分解产生的 H^+ 会加速锰的溶解，同时形成 Li_2CO_3 和 LiF 等不溶性产物，从而导致电极孔道堵塞、电池的内阻增大。此外，随着电解液分解后浓度的增大，Li^+ 扩散会更加困难，所有这些都导致电池的性能下降。

三、主要试剂、器材及仪器

1. 试剂与器材

氢氧化锂（LiOH），电解二氧化锰（EMD），12% PTFE 溶液，乙炔黑，电解液（LB303）。研钵，隔膜，铝网，CR2032 规格的正、负极壳，垫片，弹片，锂片，镊子，移液枪，烧杯。

2. 仪器

行星式球磨机，马弗炉，鼓风干燥箱，LAND 电池测试系统，氩气手套箱，分析天平，压片机。

四、实验步骤

1. 材料的制备

（1）称取符合化学计量比的 LiOH（过量 2%）和 MnO_2，放入球磨罐，300 r·min^{-1} 下搅拌均匀(按成品 $LiMn_2O_4$ 的物质的量为 0.02 mol 计算)。

(2)取出混合物于马弗炉中加热至 450℃ 并保持 3 h,后升温至 750℃ 保持 10 h,随炉冷却至室温(升温速率为 10 K · min^{-1})。

(3)取出混合物并充分研磨后即为制备好的样品。

2. 电极片的制备

(1)在分析天平上放入一干净小烧杯,归零后向其中滴入一滴 12% PTFE 溶液,记录其质量并算出净 PTFE 的质量,待用。

(2)按照质量比 $LiMn_2O_4$:乙炔黑:PTFE=85:10:5 再分别称取 $LiMn_2O_4$ 和乙炔黑。

(3)将 $LiMn_2O_4$ 与乙炔黑混合研磨 10 min,使混合均匀后,加入含有 12% PTFE 的小烧杯中,并搅拌成具有一定黏度的浆料,(如样品太干,可适量加入一滴酒精)。

(4)对浆料进行涂布,之后用直径为 12 mm 的圆冲裁成圆片即可,即为电极片,称量其质量,电极片质量尽量在 6 mg 以下。

(5)将电极片置于裁好的铝网上(直径为 14 mm),用压片机压实(压力在 20 MPa 左右)。

(6)将电极片置于鼓风干燥箱中,80℃ 干燥 8 h 左右。

3. 电池的组装

本实验所采用的电池是标准 2032 型扣式电池,组装并对样品进行测试。组装电池的整个过程都在充满氩气的手套箱中进行。具体操作顺序按照电池示意图:首先将正极壳内依次置入弹片和不锈钢垫片,再将正极片置于不锈钢垫片上,然后滴加 5~6 滴电解液,再铺上隔膜,外加一层玻璃纤维膜,继续滴加 5~6 滴电解液,放入锂片后将负极壳盖上。将未封装的纽扣电池置入封装机进行冲压封装,即完成扣式电池的组装,电池结构如图 7-5。

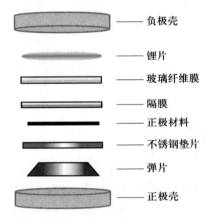

图 7-5　2032 型扣式电池结构图

4. 电池性能测试

将封装好的电池进行电化学性能测试,电池的充放电测试在 LAND 电池测试系统上完成,实验均采用"恒流充电—恒流放电—循环测试"的程序。充放电测试电压范围为 3.0~4.3 V。以 0.1 C(1 C 为 120 mAh · g^{-1})进行恒流充电,截止电压为 4.3 V,然后再以相同电流放电,截止电压为 3.0 V。进行 8 次充放电循环,程序启动前使电池静置 6~8 h。记录样品的充放电比容量和比容量的循环曲线。

五、实验数据处理

（1）用 Origin 软件处理锰酸锂半电池的充放电曲线（对电压），标注比容量。

（2）用 Origin 软件处理锰酸锂半电池的循环曲线（对循环次数），获得电池的循环性能。

六、实验注意事项

（1）球磨罐装料时要进行配重，装料最大容积（$LiOH+MnO_2+$配球）不超过球磨罐容积的三分之二。

（2）组装电池时隔膜和玻璃纤维膜要将锂片和 $LiMn_2O_4$ 正极完全隔离，组装完成的电池不得用金属镊子夹持，防止电池短路。

七、思考题

（1）简述锰酸锂的充放电机理。

（2）尖晶石型 $LiMn_2O_4$ 材料容量衰减的原因是什么？

参考书目及文献

思考题参考答案

实验8　锂离子动力电池三元正极材料的制备及电池性能测试

一、实验目的

（1）了解锂离子动力电池的工作原理；

（2）了解三元正极材料前驱体制备原理；

（3）掌握电池浆料制备及电池组装；

（4）掌握电池电化学性能测试方法和数据处理。

二、实验原理

1. 锂离子动力电池的工作原理

锂离子动力电池的工作原理如图8-1所示。充电时，电子从正极流出，锂离子从正极脱嵌，穿过隔膜嵌入负极，形成正极贫锂、负极富锂的高能量态；放电时，电子流向正极，锂离子回到正极，电池体系再次回到低能量态。

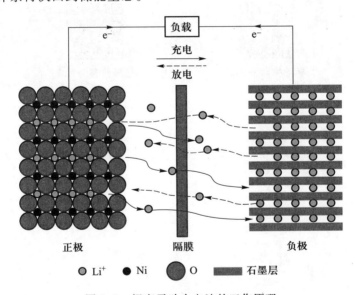

图8-1　锂离子动力电池的工作原理

从图8-1可以发现，正极材料结构中的锂离子是维持锂离子电池正常工作的唯一来源，因此正极材料的能量密度很大程度上决定了一个电池的能量密度。

2. 三元正极材料前驱体制备原理及相应技术参数

如图8-2所示，将Ni、Co、Mn的盐按照一定化学计量比配成混合盐溶液，在氢氧化钠作为沉淀剂、氨水作为络合剂的条件下，在三元反应釜中形核并长大，依据其数值相近的溶度积 K_{sp}，使得三种元素同时沉淀。Ni、Co、Mn盐共沉淀反应方程式如下：

$$M^{2+} + nNH_3 \longrightarrow \left[M(NH_3)_n \right]^{2+}$$

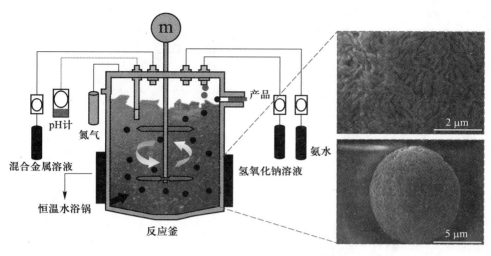

图 8-2　三元正极材料前驱体制备原理

$$[M(NH_3)_n]^{2+} + 2OH^- \longrightarrow M(OH)_2 + nNH_3 \quad (M = Ni/Co/Mn)$$

将反应浆料过滤,洗涤干燥得到三元正极材料前驱体。在三元正极材料前驱体形核生长的过程中,氨水浓度及盐和碱的浓度会影响二次粒子大小和致密度,反应温度和 pH 会影响成核和生长速度,搅拌速率会影响二次粒子平均粒径及振实密度。

之后按照一定的物质的量之比将三元正极材料前驱体材料与 $LiOH \cdot H_2O$ 混合,在纯氧气氛围中烧结得到三元正极材料。

三、主要试剂、器材及仪器

1. 试剂与器材

实验中使用的主要试剂与器材如表 8-1 所示。

表 8-1　主要试剂与器材

试剂名称	化学式/分子式	规格
七水合硫酸钴	$CoSO_4 \cdot 7H_2O$	分析纯
六水合硫酸镍	$NiSO_4 \cdot 6H_2O$	分析纯
一水合硫酸锰	$MnSO_4 \cdot H_2O$	分析纯
氢氧化钠	$NaOH$	分析纯
氨水	$NH_3 \cdot H_2O$	分析纯
一水合氢氧化锂	$LiOH \cdot H_2O$	分析纯
无水乙醇	C_2H_6O	分析纯
N-甲基吡咯烷酮	C_5H_9NO	分析纯
聚偏氟乙烯（PVDF）	$-(CH_2-CF_2)_n-$	分析纯
导电炭黑（Super P）	C	电池级

试剂名称	化学式/分子式	规格
铝箔	Al	电池级
碳酸乙烯酯（EC）	$C_3H_4O_3$	分析纯
碳酸二甲酯（DMC）	$C_3H_6O_3$	分析纯
碳酸甲乙酯（EMC）	$C_4H_8O_3$	分析纯
电解液	$LiPF_6$	电池级
金属锂片	Li	电池级
PP/PE/PP 三层复合隔膜	—	电池级
正、负极壳	—	LIR2032
垫片、弹片	—	电池级

2. 仪器

DY-3 型全自动反应釜，威格 SG2400/750TS 手套箱，XSE105DU 分析天平，DZF-6050-220V 真空干燥箱，OTF-1200X-Ⅱ双温区开启式管式炉。

四、实验步骤

1. 三元正极材料的制备

（1）将 $NiSO_4 \cdot 6H_2O$、$CoSO_4 \cdot 7H_2O$、$MnSO_4 \cdot H_2O$ 按照物质的量之比 8∶1∶1，以去离子水作为溶剂配成混合盐溶液；按照一定浓度配制氢氧化钠溶液及氨水。将混合盐溶液倒入反应釜的盐罐中，将氢氧化钠倒入碱罐，氨水倒入助剂罐，通氮气，设置加热温度、蠕动泵滴加速率及反应 pH，之后启动反应釜。

（2）经历特定反应时间后，陈化一定时间。关闭加热、关闭氮气，将获得的沉淀用去离子水反复洗涤，在真空烘箱中 80℃烘干 12 h，得到三元正极材料前驱体。

（3）按照物质的量之比 1∶1.05，将三元正极材料前驱体与一水合氢氧化锂混合，放入瓷舟中，在管式炉中通入高纯氧气，500℃下反应 3 h 之后，750℃下反应 12 h，得到三元正极材料。

2. 电池浆料的制备及电池组装

（1）按照质量比 8∶1∶1 称取活性物质、导电炭黑（Super P）及聚偏氟乙烯黏结剂（PVDF）。将 PVDF 溶解在 N-甲基吡咯烷酮中，之后加入活性物质与导电炭黑，搅拌30 min，之后用 100 μm 的四方涂布器涂布在铝箔上。

（2）将极片放入真空烘箱中，90℃烘 12 个 h。将电极片剪裁成 12 mm 圆片，按照负极壳、弹片、垫片、电极片、电解液、隔膜、锂片、正极壳顺序，在充满氩气的手套箱中组装成半电池，之后静置 12 h 进行电池性能测试。

3. 电化学性能测试及数据处理

（1）本实验采用的是新威电池测试系统。先静置 3 min 后，以 0.2 C 的倍率电流恒流充电至 4.3 V,再静置 3 min 后,采用 0.2 C 的倍率电流恒流放电至 3.0 V,之后按照此流程循环 200 圈。

（2）倍率性能测试同样采用新威电池测试系统。先静置 3 min 后,以 0.2 C 的倍率电流恒流充电至 4.3 V,再静置 3 min 后,以 0.2 C 的倍率电流恒流放电至 3 V,循环 10 圈;再以 0.4 C 的倍率电流进行恒流充放电循环 10 圈;再以 1 C 的倍率电流进行恒流充放电循环 10 圈;再以 2 C 的倍率电流进行恒流充放电循环 10 圈;再以 5C 的倍率电流进行恒流充放电循环 10 圈;最后以 0.2 C 的倍率电流恒流充放 20 圈。本实验中 1 C = 250 mA·g^{-1},测试环境温度为恒温 28℃。将实验数据复制到 Origin 软件中,以循环次数为横坐标、放电容量为纵坐标作图,注意标注测试电流密度。

五、思考题

（1）锂离子电池与其他二次电池相比具有什么优势? 三元正极材料有什么优势?

（2）液态锂离子电池中隔膜的作用是什么? 可以去掉吗?

（3）三元正极材料中 Ni、Co、Mn 元素的作用分别是什么?

参考书目及文献　　　　　　思考题参考答案

实验9　直接沉淀法合成锂离子电池正极材料前驱体

一、实验目的

掌握直接沉淀法合成锂离子电池正极材料前驱体的基本实验方法和步骤。

二、实验原理

液相沉淀法是液相化学反应合成金属氧化物纳米材料的一般方法。此法利用各种溶解在水中的物质反应生成不溶性氢氧化物、碳酸盐、硫酸盐和乙酸盐等，再将沉淀物加热分解，得到最终所需的纳米粉体。液相沉淀法可以广泛用于合成单一或复合氧化物的纳米粉体，其优点是反应过程简单、成本低、便于推广和工业化生产。液相沉淀法主要包括直接沉淀法、共沉淀法和均匀沉淀法。

直接沉淀法是使溶液中的金属阳离子直接与沉淀剂（如 OH^-、$C_2O_4^{2-}$、CO_3^{2-}）在一定条件下发生反应而形成沉淀物，并将原有的阴离子洗去，经热分解得到纳米粉体。

直接沉淀法操作简便易行，对设备、技术要求不太苛刻，不易引入其他杂质，有良好的化学计量性，成本较低。

草酸钴是制备锂离子电池正极材料钴酸锂的一种前驱体材料，可通过氯化钴和草酸铵反应制备。为得到高纯的草酸钴纳米粉末，需要严格控制溶液的浓度、pH 及加料速度。其主要反应如下：

$$CoCl_2 + (NH_4)_2C_2O_4 + 2H_2O \Longrightarrow CoC_2O_4 \cdot 2H_2O \downarrow + 2NH_4Cl$$

三、主要试剂、器材及仪器

1. 试剂与器材

$0.07\ mol \cdot L^{-1}$氯化钴溶液，$0.07\ mol \cdot L^{-1}$草酸铵溶液，$1\ mol \cdot L^{-1}$草酸溶液，去离子水，无水乙醇。药匙，烧杯，玻璃棒，量筒，胶头滴管，容量瓶，滴液漏斗，pH 试纸，温度计，布氏漏斗，滤纸，抽滤瓶，洗瓶，培养皿，玛瑙研钵。

2. 仪器

分析天平，磁力搅拌器，水泵，真空干燥箱。

四、实验步骤

（1）量取 10 mL 1 mol·L^{-1}草酸溶液，倒入 350 mL 0.07 mol·L^{-1}氯化钴溶液中，用 pH 试纸检测氯化钴溶液 pH，控制氯化钴溶液 pH 在 1.5~2。

（2）30~45℃下搅拌上述氯化钴溶液 30 min。

（3）将 350 mL 0.07 mol·L^{-1}草酸铵溶液转移至滴液漏斗中，控制滴定速率，缓慢滴入上述氯化钴溶液中。

（4）滴定全部完成后，检测混合溶液 pH，通过滴加草酸溶液控制混合溶液 pH 在 1~2。

（5）继续搅拌 40 min，控制溶液温度在 30~45℃。

（6）停止搅拌和控温，常温下静置 3 h。

（7）抽滤，用去离子水洗 3 次，再用无水乙醇洗 3 次。

（8）将洗涤过滤后的沉淀物连带滤纸转移至培养皿上，置于真空干燥箱中，120℃下真空干燥 5 h。

（9）将真空干燥后所得前驱体样品转移至玛瑙研钵中研磨 10 min，转移至样品袋中封装待用；同时称量，记录数据，计算草酸钴产率。

五、实验注意事项

沉淀反应加料方式和 Co^{2+} 浓度都会影响草酸钴的粒度。将草酸铵加入氯化钴（正加料）条件下制得的草酸钴粒度小于将氯化钴加入草酸铵溶液（反加料）条件下所得草酸钴的粒度，且草酸钴粒径分布较窄，颗粒较均匀。

六、思考题

（1）根据最后所得样品质量，计算直线沉淀法所得产物的产率。

（2）讨论为什么要控制 pH 在 1~2。

（3）思考改变滴定速率或滴定顺序，对最终产物会有什么影响。

参考书目及文献

思考题参考答案

实验 10　高温固相法合成锂离子电池正极材料 $LiCoO_2$

一、实验目的

（1）掌握高温固相法合成锂离子电池正极材料的方法；

（2）理解高温固相法合成材料的基本原理。

二、实验原理

固相化学法是一种新型材料制备方法。粉体研磨过程中，机械力作用使颗粒和晶粒细化，产生裂纹，比表面积增大，晶格缺陷增多，晶格发生畸变和结晶程度降低，甚至诱发低温化学反应；同时，通过固相研磨，使固体粉末达到宏观层面的混合均匀，缩短粉体烧结时的物质扩散路径。

碳酸锂的熔点为 723℃。采用碳酸锂作为锂源，草酸钴作为钴源，通过机械研磨将两种固相充分破碎，混合均匀，然后在氧气气氛下 850℃ 煅烧 5 h，通过固相反应得到钴酸锂正极材料。具体反应方程式如下：

$$CoC_2O_4 \cdot 2H_2O \longrightarrow CoC_2O_4 + 2H_2O$$

$$3CoC_2O_4 + 2O_2 \longrightarrow Co_3O_4 + 6CO_2$$

$$2Co_3O_4 + 3Li_2CO_3 + 1/2O_2 \longrightarrow 6LiCoO_2 + 3CO_2$$

三、主要试剂、器材及仪器

1. 试剂与器材

草酸钴粉体，碳酸锂粉体（分析纯）。药匙，瓷舟，玛瑙研钵。

2. 仪器

分析天平，管式炉。

四、实验步骤

（1）称取 3.05 g（0.016 mol）草酸钴粉体，放入玛瑙研钵中。

（2）按 Li 和 Co 的物质的量之比＝1.05 : 1 称取 0.647 g（0.00875 mol）碳酸锂粉体，放入玛瑙研钵中。

（3）研磨 30 min。

（4）取出混合粉体，称量后装入瓷舟，记录数据。

（5）将装有待煅烧胚体的瓷舟推入管式炉的正中间，通入氧气。

（6）设定煅烧程序煅烧样品，具体如下：

① 从室温升温至 350℃，升温速率为 5℃ $\cdot$ min^{-1}；

② 350℃下保温 60 min；

③ 从 350℃升温至 850℃，升温速率为 5℃ $\cdot$ min^{-1}；

④ 850℃下保温 5 h;

⑤ 停止煅烧,样品随炉冷却。

(7) 样品冷却至 60℃ 后,取出样品,研磨 10 min,收集煅烧后粉体,称量,记录数据,装入封装袋待检测。

五、实验数据处理

(1) 根据最后所得样品质量,计算钴酸锂产品的产率。

(2) 绘制出煅烧的温度-时间曲线。

六、实验注意事项

(1) 锂钴的物质的量之比对材料的结构和电化学性能有很大影响,当锂钴的物质的量之比为 1.05∶1 时,最终制备出的钴酸锂正极材料具有很好的电化学性能。

(2) 煅烧温度对材料的结晶及晶粒生长有很大的影响,对所制备产品的形貌及电化学性能具有决定性的影响,若煅烧温度过低,则锂、钴化合物不能充分反应,材料出现缺陷,影响材料的结构及电化学性能;而煅烧温度过高,材料可能发生二次结晶,晶粒将会进一步生长及变大,破坏材料的结构,直接影响材料的电化学性能。因此,选择 850℃作为本实验较为合适的煅烧温度。

七、思考题

讨论为何配料时锂钴的物质的量之比 = 1.05∶1,碳酸锂需要过量?

参考书目及文献

思考题参考答案

实验 11　水系中锂离子扩散系数的测定

一、实验目的

（1）了解并掌握锂离子扩散动力学的测定方法；

（2）理解锂离子扩散系数的概念与测定方法。

二、实验原理

1. 电池的概念与扩散系数

化学电源又称电池，是一种可实现将化学能直接转化为电能的装置，具有能量转化效率高、方便、安全可靠等优点，广泛用于日常生活、工业、军事等诸多领域，与我们的生活、生产、国防等息息相关。根据工作特性，电池可分为一次电池（不可再生电池）、二次电池（可循环电池）与燃料电池三种类型。通常，电池主要由负极、正极、电解液三个部分组成。在构成电极反应的各个步骤中，液相中的传质步骤往往进行得比较缓慢，因而常常成为整个电极反应速率的控制步骤。当电极上有电流通过时，由于电极反应消耗反应物和形成产物，会使溶液中某一组分在紧靠电极表面液层中的浓度与溶液内部浓度出现差别，于是发生某组分的扩散。扩散传递物质的速度由菲克（Fick）第一定律决定：

$$V_x = -D_i \frac{\mathrm{d}c_i}{\mathrm{d}x} \tag{11-1}$$

式中，V_x 为物质在 x 方向的传递速度；

$\dfrac{\mathrm{d}c_i}{\mathrm{d}x}$ 为 i 种物质的浓度梯度（单位距离间的浓度差）；

D_i 为 i 种物质的扩散系数（即单位浓度梯度 $\dfrac{\mathrm{d}c}{\mathrm{d}x}=1$ 时物质的扩散系数，单位是 $\mathrm{cm}^2 \cdot \mathrm{s}^{-1}$）。

由于物质传递的方向与浓度梯度增大方向总是相反的，所以式（11-1）右端取负号。

2. 锂离子电池概述

锂离子电池是以锂离子嵌入化合物为正极材料的一类电池的总称。锂离子电池在充放电时，锂离子从含锂的化合物中发生脱嵌、嵌入的过程，伴随着与锂离子当量的电子转移，其过程如图 11-1 所示。目前大家接触到的锂离子电池通常以石墨为负极材料，以含锂的化合物为正极材料，以溶有锂盐的有机溶剂为电解质，组成的电池可用下式表达：

$$(-)\mathrm{C}_n \mid \mathrm{Li}^+ - 电解液 \mid \mathrm{LiMO}_2(+)$$

其中，M 为金属元素，如 Co、Ni、Mn 等。

电池的充电过程可表达如下：

正极：
$$\mathrm{LiMO}_2 \xrightarrow{\text{充电}} \mathrm{Li}_{1-x}\mathrm{MO}_2 + x\mathrm{Li}^+ + x\mathrm{e}^- \tag{11-2}$$

负极：
$$n\mathrm{C} + x\mathrm{Li}^+ + x\mathrm{e}^- \xrightarrow{\text{充电}} \mathrm{Li}_x\mathrm{C}_n \tag{11-3}$$

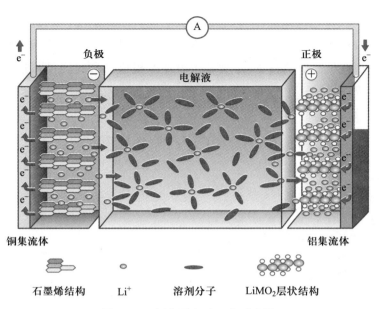

负极

电解液

正极

铜集流体

铝集流体

石墨烯结构　　　Li⁺　　　溶剂分子　　　LiMO₂层状结构

图 11-1　锂离子电池工作示意图

电池反应：
$$LiMO_2 + nC \xrightarrow{\text{充电}} Li_{1-x}MO_2 + Li_xC_n \tag{11-4}$$

由式(11-2)~式(11-4)可知,在充电过程中,锂离子从正极材料中脱嵌,经过电解液嵌入负极,则负极处于富锂状态,正极处于贫锂状态。放电过程正好相反。在充放电过程中,锂离子在正、负极之间来回地嵌入和脱嵌,因此锂离子电池被形象地称为"摇椅式电池"。正极能脱嵌、嵌入的锂离子越多,其充放电的容量就越高。电池材料的理论容量可用下式表达：

$$C_0 = 26.8 n \frac{m_0}{M} \tag{11-5}$$

式中,C_0 是理论容量;

　　　m_0 是单位活性物质完全反应的质量;

　　　M 是活性物质的摩尔质量;

　　　n 是电子转移数。

由此可知,某一材料的理论容量是一定的,而电池的容量则与材料的质量相关。

由于锂离子电池充放电过程中有锂离子的迁移,故其正极材料必须有能接纳锂离子的位置和扩散的路径。具有高插入电位层状结构的过渡金属氧化物 $LiCoO_2$, $LiNiO_2$ 和 $LiMn_2O_4$ 是目前已经应用性能较好的正极材料。与实验 1 中提及的电极界面反应类似,在锂离子电池中存在锂离子的扩散迁移、电子转移等步骤。不同的活性材料中锂离子的扩散速率有所差异,一般在 $10^{-11} \sim 10^{-7}$ cm²·s⁻¹ 范围。通常锂离子电池的正极材料属于半导体,其电子电导率在 $10^{-6} \sim 10^{-1}$ S·cm⁻¹,因此锂离子电池的综合性能受电子电导及离子传输的双重影响。研究锂离子在材料中的扩散,对于研究开发新型的锂离子电池材料具有重要意义。

3. 锂离子扩散系数测试方法简介

常用的锂离子扩散系数测定方法有循环伏安法(CV)、电化学电位间歇滴定法(PITT)、电化学交流阻抗法(EIS)、电流脉冲法、电化学恒电流间歇滴定法(GITT)等。不同的实验方法得到的数据结果存在一些差异,这与电化学方法的特性相关。本实验将采用循环伏安法测定 $LiMn_2O_4$ 中锂离子的扩散系数,并对基于可逆电极模型和完全不可逆电极模型所得的实验数据进行比较。

对于可逆电极模型:

$$i_p = 0.4463 \times 10^{-3} n^{\frac{2}{3}} F^{\frac{3}{2}} A (RT)^{-\frac{1}{2}} D^{\frac{1}{2}} C v^{\frac{1}{2}} \tag{11-6}$$

对于完全不可逆电极模型:

$$i_p = 2.99 \times 10^5 A \alpha^{\frac{1}{2}} D^{\frac{1}{2}} C v^{\frac{1}{2}} \tag{11-7}$$

式中, i_p 为峰电流的大小;

n 为参与反应的电子数;

A 为浸入溶液的电极面积;

D 为锂离子扩散系数;

v 为扫描速率;

C 为反应前后锂离子浓度变化。

三、主要试剂、器材及仪器

1. 试剂与器材

$LiMn_2O_4$,0.5 $mol \cdot L^{-1}Li_2SO_4$ 电解液 500 mL,活性炭,乙炔黑,5% PTFE 溶液。饱和甘汞电极(SCE)1 支,称量瓶 1 个,橡胶塞 1 个,镍丝 2 根,316 不锈钢网 2 片,研钵。

2. 仪器

CHI600E 电化学工作站 1 台,电解池(30 mm×50 mm),压片机。

四、实验步骤

(1)按质量比 5：10：85 分别称取 5% PTFE 溶液、乙炔黑及 $LiMn_2O_4$,并在研钵内研磨至均匀。

(2)将步骤(1)中得到的 $LiMn_2O_4$ 混合物擀成薄膜,并将薄膜刻成 1 片大小为 5 mm×5 mm 的电极片,备用。

(3)将镍丝固定在不锈钢网的一端,根据称量瓶的高度,调整不锈钢网的长度,再取一片步骤(2)得到的电极片,用压片机将电极片压至不锈钢网的另一端。

(4)按质量比 5：10：85 分别称取 5% PTFE 溶液、乙炔黑及活性炭,并在研钵内研磨至均匀。

(5)将步骤(4)中得到的活性炭混合物擀成薄膜,并将薄膜刻成 1 片大小为 2 cm×2 cm 的电极片,备用。

(6)将镍丝固定在不锈钢网的一端,根据称量瓶的高度,调整不锈钢网的长度,再取一片步骤(5)得到的电极片,用压片机将电极片压至不锈钢网的另一端。

(7)取一定量的 Li_2SO_4 电解液于称量瓶中,以刚好没过 $LiMn_2O_4$ 电极材料为宜。

（8）设置电化学工作站的工作电位区间及相关参数：电位范围：0.23~1.52 V（vs. Li$^+$/Li），扫描速率：0.5 mV·s^{-1}，扫描圈数：2，灵敏度：10^{-5}。

（9）点击运行按钮，进行电化学扫描，得到一对形状相似，方向相反的氧化-还原峰。

五、实验数据处理

（1）用 Origin 软件处理循环伏安曲线，标注峰位置。

（2）根据可逆电极模型和完全不可逆电极模型，计算锂离子扩散系数并分析比较。

六、实验注意事项

（1）Li$_2$SO$_4$电解液添加量以刚好没过 LiMn$_2$O$_4$电极材料为宜，避免电解液过量发生副反应。

（2）电化学工作站的绿线接工作电极（LiMn$_2$O$_4$电极）、红线接对电极（乙炔黑电极）、白线接参比电极（SCE 电极）。循环伏安测试时，起始和终止电位均设置为开路电位。

七、思考题

（1）简述锂离子电池工作原理。

（2）写出以石墨为负极、LiMn$_2$O$_4$为正极的电池表达式，并写出正、负极的充电过程的电极反应方程式。

参考书目及文献

思考题参考答案

实验 12　纳米硫球的制备及其在锂硫电池中的应用

一、实验目的

（1）掌握纳米硫球形成的基本原理；

（2）掌握锂硫电池的基本结构与基本原理；

（3）了解锂硫电池的组装过程；

（4）了解锂硫电池性能的测试方法及数据处理。

二、实验原理

锂硫电池的放电过程是不同价态多硫离子（S_n^{2-}，$1 \leqslant n \leqslant 8$）转化的多步电化学反应过程。如图 12-1 所示，当硫正极放电时，八元环形式的硫得到电子形成 Li_2S_8，对应 2.3 V 的第一个放电平台；Li_2S_8 进一步被还原，形成 Li_2S_6、Li_2S_4 等高阶多硫化物，对应 2.3～2.05 V 放电容量；其中，多硫化锂 Li_2S_n（$4 \leqslant n \leqslant 8$）会溶解到锂硫电池的有机电解液中，并在电解液中发生迁移。随着放电深度的进行，高阶多硫化锂会被还原成低阶多硫化锂 Li_2S_n（$1 \leqslant n \leqslant 3$）对应 2.05 V 附近的第二个放电平台。

其主要反应如下：

电池放电时的电化学反应方程式：

区域Ⅰ：　$S_8 + 2Li \Longrightarrow Li_2S_8$

区域Ⅱ：　$Li_2S_8 + 2Li \Longrightarrow Li_2S_{8-n} + Li_2S_n$（$3 \leqslant n \leqslant 7$）

区域Ⅲ：　$2Li_2S_n + (2n-4)Li \Longrightarrow nLi_2S_2$

　　　　　$Li_2S_n + (2n-2)Li \Longrightarrow nLi_2S$

区域Ⅳ：　$Li_2S_2 + 2Li \Longrightarrow 2Li_2S$

电池充电时的电化学反应方程式：

$$8Li_2S - 16e^- \Longrightarrow 16Li^+ + S_8$$

本实验设计了一种室温软模板自组装来制备单分散的聚合物（聚乙烯吡咯烷酮 PVP）包裹的空心纳米硫球。其中由硫代硫酸钠和盐酸在水溶液（PVP 存在）中发生简单反应，合成纳米硫球，反应可写成以下形式：

$$Na_2S_2O_3 + 2HCl \longrightarrow S\downarrow + SO_2\uparrow + 2NaCl + H_2O$$

该实验方法从纳米尺度到宏观尺度对电极材料进行设计调控，以处理硫正极的材料问题。如图 12-2 所示，用一层聚合物外壳涂覆在硫颗粒表面，可最大限度地减少多硫化物的溶解；粒子内部存在一定空间，使硫在锂化时向内膨胀，而不是向外膨胀；硫纳米颗粒尺寸小，便于电子和离子传输；纳米硫球的单分散性可促进硫在电极中更均匀的混合，最大限度地减少大的、电绝缘的硫块的形成，从而与导电添加剂（炭黑）紧密接触。

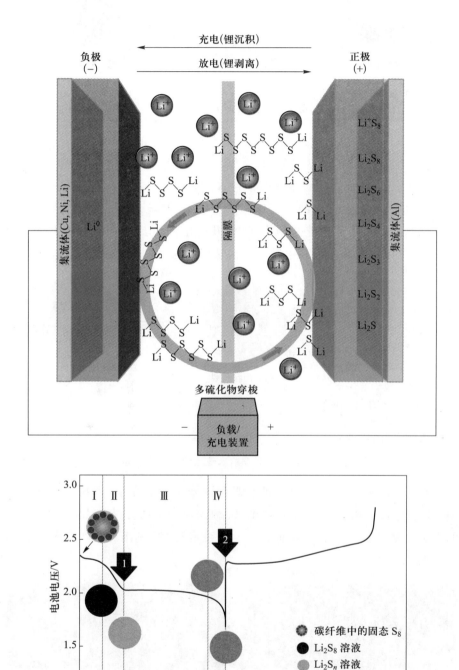

图 12-1　锂硫电池工作原理图

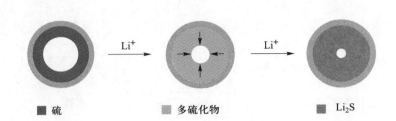

图 12-2 PVP 包裹的空心纳米硫球结构与锂化过程示意图

　　PVP 不仅可以作为封盖剂控制颗粒生长,确保颗粒尺寸的单分散性,还可以作为软模板形成独特的中空结构。如图 12-3 所示,在水溶液中,PVP 五元环中疏水性的聚合物主链和亚甲基使 PVP 分子结合,而电负性酰胺基通过水的氢键网络有效地连接在一起。因此,PVP 分子可以自组装成具有双层结构的空心球形囊泡胶束,其疏水性烷基主链指向胶束壁的内部,亲水性酰胺基指向水中。当硫开始形成时,其疏水性使其优先生长在 PVP 胶束的疏水部分。这些胶束可以作为软模板来引导空心纳米硫球的生长。

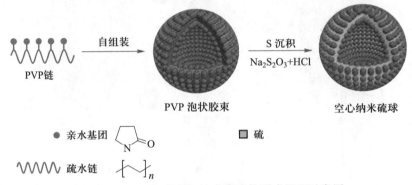

图 12-3 PVP 包裹空心纳米硫球的形成机理示意图

　　在扫描电子显微镜(SEM)实验中,可以观测纳米硫球的大小、形状、分散性等性质。这些 SEM 图像[见图 12-4(a)]显示了这些纳米硫球的两个关键特征。第一,颗粒大小是高度单分散的。第二,颗粒具有中空的内部结构。在 TEM 图像[见图 12-4(b)]中的鲜明对比也证实了这一特征。

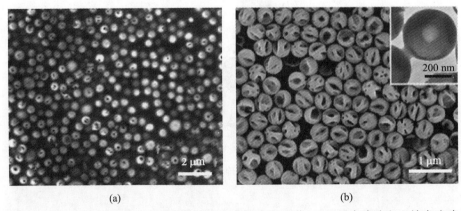

图 12-4 (a)制备的 PVP 包裹空心纳米硫球的 SEM 图像;(b)用水清洗空心纳米硫球
以去除颗粒表面 PVP 后的 SEM 图像(插图为单个空心纳米硫球的 TEM 图像)

将 PVP 包裹空心纳米硫球作为正极材料应用于锂硫电池,选取合适的电解液、隔膜等材料,组装成扣式电池,进一步测试其电化学性能(图 12-5)。

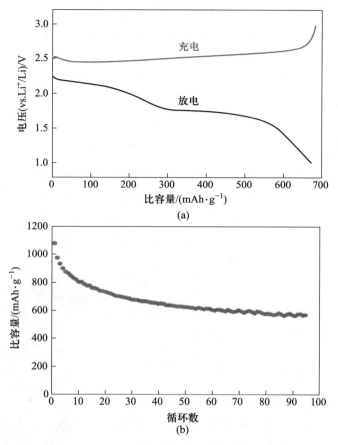

图 12-5　(a)锂硫电池充放电曲线图;(b)锂硫电池长循环性能图

三、主要试剂、器材及仪器

1. 试剂与器材

PVP(分析纯),$Na_2S_2O_3$(硫代硫酸钠,分析纯),12 mol·L^{-1}浓盐酸(分析纯),Super P(导电炭黑),20 mg·mL^{-1}聚偏氟乙烯(PVDF),N-甲基吡咯烷酮(NMP,分析纯),电解液[DOL:DME=1:1(V/V),1 mol·L^{-1} LiTFSI,1% $LiNO_3$]。CR2032 规格的正、负极壳,垫片(直径 16.2 mm,厚度 1.0 mm),弹片(直径 15.4 mm,厚度 1.1 mm),锂片,导电碳纤维纸,隔膜(直径 19 mm 的 Celgard-2400 型聚丙烯膜),绝缘镊子,普通镊子,烧杯,离心管,移液枪,滴定管,扁头毛笔。

2. 仪器

分析天平,切片机,真空干燥箱,电池封装压片机,电化学工作站,新威电池测试系统,万用表,超声波清洗机,恒温磁力搅拌器,离心机,手套箱,透射电子显微镜(TEM),扫描电子显微镜(SEM)。

44

四、实验步骤

1. 纳米硫球的制备

在室温下,将 50 mL 80 mmol·L⁻¹ Na₂S₂O₃水溶液与 50 mL 0.4 mol·L⁻¹ PVP(分子量约为 55000,根据重复单元计算浓度)水溶液混合。然后,将 0.4 mL 浓盐酸加入 Na₂S₂O₃/PVP 溶液中搅拌 2 h,通过离心机(8000 r·min⁻¹)分离产物。用 0.8 mol·L⁻¹ PVP 水溶液洗涤(超声分散)产物并离心(6000 r·min⁻¹),60℃下干燥 10 h,通过热重分析确定硫球含量(约为 70%)。使用 SEM 和 TEM 观察纳米硫球的形貌。

2. 正极材料的制备

称取 70 mg 纳米硫球粉末(正极材料),加入 20 mg Super P(导电剂),研磨使其分布均匀,然后加入 0.5 mL 配制好的 20 mg·mL⁻¹ PVDF(黏结剂)的 NMP 溶液,混合搅拌 4~6 h 使浆料分布均匀。先称量空白导电碳纤维纸,再使用扁头毛笔将浆料涂覆到导电碳纤维纸表面,然后在 80℃的真空干燥箱里干燥 3 h 后,称量,计算导电碳纤维纸上活性材料(硫)的质量。

3. 锂硫电池的组装

在氩气氛围下的手套箱(氧分压和水分压<1 ppm)中组装成 CR2032 型扣式电池。具体操作如下:

正极壳平放于玻璃板上,开口向上,用镊子夹取正极片放于正极壳正中间(涂覆正极材料的面朝上)。用胶头滴管滴两滴电解液浸润在正极片表面,用镊子夹取一片隔膜覆盖正极片。再滴两滴电解液。之后用镊子依次夹取一片锂片、垫片、弹片放置于隔膜正中间,用绝缘镊子将负极壳盖上,最后使用电池封装压片机(50 kg·cm⁻¹)密封,如图 12-6 所示。

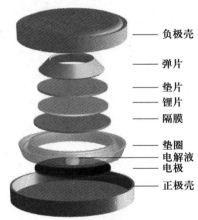

图 12-6　锂硫扣式电池内部
结构及组成

4. 电池性能测试

(1)电池开路电压测试:先用万用表(量程为 20 V)简单测试电池的开路电压,初步确定电池组装是否合格。

(2)循环伏安曲线测试:使用电化学工作站在 1.7~2.8 V(vs. Li⁺/Li)的电压范围内,以 1 mV·s⁻¹的扫描速率在常温下进行循环伏安测试。

(3)电池循环性能测试:使用新威电池测试系统对组装的扣式电池进行恒电流放电和充电的循环测试。先在 0.1 C(1 C = 1675 mAh·g⁻¹)倍率的电流密度下活化两圈,接着以 1 C 倍率的电流密度对电极材料进行循环性能测试,观察电池容量的循环稳定性。

五、实验数据处理

(1)用 Origin 软件画出制备材料组装的电池对应的循环伏安曲线,标注峰位置,写出相应的反应方程式。

(2)用 Origin 软件画出电池在恒定电流密度下第一个循环的充放电曲线和长循环性能

图,计算电池容量衰减率。

六、实验注意事项

（1）锂片是活泼金属,空气中不能稳定存在,应保存在惰性气体中。

（2）水和氧对电池性能影响巨大,组装电池必须在氩气氛围下的手套箱（氧分压和水分压<1 ppm）中操作。

（3）组装过程中,保证正极片、隔膜、垫片和弹片处于正极壳和负极壳中间,以便封装。

（4）封装压片过程中,严格控制压力,不宜过大,防止压坏隔膜。

（5）滴取电解液时,滴管与电极片不能触碰。

七、思考题

（1）单质硫作为正极材料的优势有哪些?

（2）为什么选择锂金属作为负极材料?

（3）阐述锂硫电池目前存在的问题。

（4）解释什么是穿梭效应。

（5）锂硫电池在放电过程中有两个电压平台,这两个平台代表什么意义?

参考书目及文献

思考题参考答案

46

实验 13 CNT/S 复合正极材料的制备及其
锂硫电池性能测试

一、实验目的

（1）了解锂硫电池的基本工作原理；

（2）了解扣式锂硫电池的结构和组装过程；

（3）掌握 CNT/S 复合正极材料的制备方法；

（4）掌握锂硫电池性能的基本测试方法。

二、实验原理

锂硫电池通常由正极硫复合材料、负极金属锂、隔膜和电解液组成，如图 13-1 所示。硫与金属锂的可逆氧化还原反应为锂硫电池提供了主要的放电容量，如图 13-2 所示，锂硫电池属于典型的氧化还原电池。

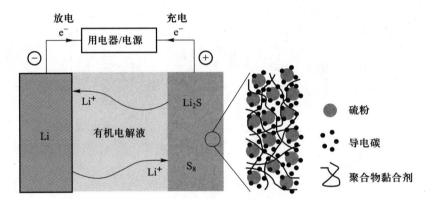

图 13-1 典型的锂硫电池结构示意图

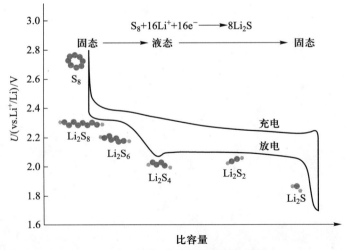

图 13-2 锂硫电池的充放电电压图

放电时,金属 Li 被氧化失去电子转变成 Li^+,并穿过隔膜扩散至正极,而电子则通过外接电路迁移至正极。随后锂离子与单质硫反应,经过几个阶段的化学反应最终产物为 Li_2S,即 S_8 依次被还原成可溶性的 Li_2S_n($4 \leqslant n \leqslant 8$)和固态的多硫化物 Li_2S_2/Li_2S。该电化学反应过程分别对应锂硫电池放电过程的 2.3 V 和 2.15 V 两个放电平台,其中 2.15 V 的放电平台贡献了锂硫电池 75% 的理论比容量(1256 mAh·g^{-1})。但是 2.3 V 的放电平台是确定正极硫后续反应的决定性步骤。然而在实际应用中,锂硫电池中易溶于电解液的聚硫化合物(中间产物)形成的"穿梭效应"会直接导致电池循环寿命短。因此,如何抑制聚硫化合物的穿梭在锂硫电池正极研究中至关重要。穿梭效应是指,硫正极在得到电子后会生成聚硫化合物,聚硫化合物在浓度梯度的影响下会穿过隔膜到电池负极侧的电解液中并与锂金属发生副反应。

为了抑制穿梭效应,可在正极用高比表面积的具有孔结构的载体(如石墨烯、碳管等)对硫和多硫化物进行物理吸附和禁锢,再进一步的是对载体进行化学修饰,修饰上活性位点,以实现化学吸附,从而阻止溶解性聚硫化合物向电解液中的溶出和在负极的不可逆反应。

三、主要试剂、器材及仪器

1. 试剂与器材

碳纳米管(CNT),升华硫粉,Super P(导电炭黑),二硫化碳(CS_2),聚偏氟乙烯(PVDF),N-甲基吡咯烷酮(NMP),1 mol·L^{-1} 双(三氟甲磺酰)亚胺锂(LiTFSI)电解液(溶剂为体积比为 1:1 的 1,3-二氧环烷和 1,2-二甲氧基乙烷,含质量分数为 1.0% 的 $LiNO_3$ 添加剂)。CR2032 规格的正、负极壳,不锈钢垫片(直径 12 mm,厚度 1.0 mm),弹片铝箔,隔膜(Celgard-2400),锂片(直径 16 mm),绝缘镊子,普通镊子,扁头毛笔,玛瑙研钵,500 mL 烧杯,50 mL 样品瓶,不锈钢小瓶,磁子。

2. 仪器

十万分之一分析天平,切片机,电池封装压片机,可编程管式炉,马弗炉,真空干燥箱,磁力加热搅拌器,数显智能控温磁力搅拌器,鼓风干燥箱,精密型超纯水机,超声波清洗机,新威电池测试系统,惰性气体手套箱,万用表,电化学工作站。

四、实验步骤

1. CNT/S 复合材料的制备

CNT/S 复合材料是通过熔融扩散法制备的。首先将 CNT 与升华硫粉按 4:6 的质量比研磨混合,再加入适量的 CS_2 溶剂中。CS_2 溶剂完全蒸发后,混合物转移到一个不锈钢小瓶中,密封后放在马弗炉中,加热到 155℃,保温 12 h 后,将温度进一步提升至 200℃,保温 1 h,获得含硫量 60% 的 CNT/S 复合材料。

2. 正极片的制备

首先配制 PVDF 溶液,将 PVDF 溶解在一定量的 NMP 中,如 5 mg PVDF/(100 μL NMP)。先量取一定量的 NMP 倒入干净、干燥的 50 mL 样品瓶中,并加入磁子。再称取一定量的

PVDF 加入 NMP 中,盖上盖子,用封口膜密封,置于磁力搅拌器上缓慢搅拌,转速一定要慢,只需要能搅动即可。

正极材料、Super P 和 PVDF 溶液按照质量比 8：1：1(按 PVDF 质量计)放入玛瑙研钵中,研磨均匀,得到一定黏度的电极浆料,然后用刮刀将电极浆料涂覆在铝箔上,随后把涂好后的铝箔置于真空干燥箱中,在 80℃ 下干燥 24 h,最后用切片机进行切片,切成直径为 12 mm 的正极片。在分析天平上,称量空白铝箔电极片,然后称量涂覆正极材料的铝箔电极片,计算铝箔电极片上正极材料的质量。

3. 扣式锂硫电池的组装

先放一个正极壳,用镊子取一片涂覆正极材料的铝箔电极片放在正极壳中间,涂覆正极材料的面朝上,滴两滴电解液在正极片上;用镊子取一片隔膜放在正极片上,再滴两滴电解液于隔膜上;用镊子依次取锂片、垫片和弹片置于隔膜上,用绝缘镊子取负极壳并将电池封装,最后使用电池封装压片机,压紧至 50 kg·cm^{-2},然后松开电池制备完成,放入自封袋中,随后转移出惰性气体手套箱。

4. 电池性能测试

(1)电池开路电压测试:先用万用表简单测试电池的开路电压,初步确定电池组装是否合格。若显示电压在 2.2~3.2 V,则电池合格。

(2)电化学性能测试:使用电化学工作站测试电池的循环伏安曲线(CV)及交流阻抗(EIS),CV 测试在 1.6~2.8 V 电压范围内,以 0.2 mV·s^{-1} 的扫描速率进行。在新威电池测试系统上对锂硫电池进行恒流充放电测试。分析电压与比容量关系、循环次数与比容量关系、充放电电流与比容量关系、充放电效率。

五、实验数据处理

(1)用 Origin 软件处理导出的循环伏安曲线数据,作图并标注峰位置,进行图形分析,写出相应的反应方程式。

(2)用 Origin 软件处理导出的电池在循环不同圈数后的交流阻抗数据,作图并进行分析,获得电池的循环性能。

(3)用 Origin 软件处理导出的电池在恒定电流密度下的充放电曲线数据,作图并进行分析,获得电池的循环性能。

六、实验注意事项

(1)电极浆料配制过程中,严格按照正极材料、Super P、PVDF 溶液的顺序逐一加入,分散均匀,所有电池组装配件和器材要提前准备好。

(2)组装过程中,保证正极片、隔膜、垫片处于正极壳和负极壳中间,以便封装。封装压片过程中,压片的压力严格符合给定的数值。封装好后,应立即用万用表检测电池是否组装成功。

(3)确保所有电池组件尽量中心对齐,隔膜与正极片之间不可引入气泡,封装完成后使用绝缘镊子夹持电池,以防短路。

（4）电化学检测时,电池不要放置过久,防止电池容量损失,影响电池检测数据的准确性。

七、思考题

（1）常见的硫正极材料有哪些？各有何特点？

（2）为何选择多孔碳材料作为锂硫电池正极材料？

（3）目前硫正极材料仍然面临着一些难题,这些难题是什么？

参考书目及文献

思考题参考答案

实验 14 钠离子电池正极材料 NaFePO$_4$ 的制备及其电池性能测试

一、实验目的

(1) 了解钠离子二次电池的基本工作原理;

(2) 了解钠离子正极材料的制备方法;

(3) 掌握钠离子电池的基本结构与组装过程;

(4) 掌握钠离子电池性能的测试方法和数据处理。

二、实验原理

钠离子电池充放电过程如图 14-1 所示。其中,在充电过程中,正极发生氧化反应,Fe^{2+} 失电子生成 Fe^{3+} 和 e^-,Na^+ 从正极脱出通过电解液嵌入负极,同时,电子通过外电路传递到负极保持电荷正负极平衡,此时,负极发生还原反应,Na^+ 得电子生成 Na,正极由富钠态变为贫钠态;电池放电过程与之相反,负极发生氧化反应,Na 失去电子生成 Na^+ 和 e^-,Na^+ 从负极脱出通过电解液嵌入正极,同时,电子通过外电路传递到正极保持电荷正负极平衡,此时,正极发生还原反应,Fe^{3+} 得电子生成 Fe^{2+},正极由贫钠态变为富钠态。

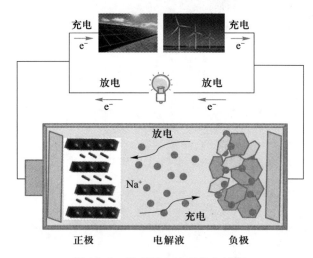

图 14-1 钠离子电池充放电过程

具体来说,电池充电/放电时的电化学反应方程式如下:

正极:
$$NaFePO_4 \xrightleftharpoons[\text{放电}]{\text{充电}} FePO_4 + Na^+ + e^-$$

负极:
$$Na^+ + e^- \xrightleftharpoons[\text{放电}]{\text{充电}} Na$$

总反应:
$$NaFePO_4 \xrightleftharpoons[\text{放电}]{\text{充电}} Na + FePO_4$$

三、主要试剂、器材及仪器

1. 试剂与器材

碳酸钠（Na_2CO_3），草酸亚铁（$FeC_2O_4 \cdot 2H_2O$），磷酸二氢氨（$NH_4H_2PO_4$），电解液（$1\ mol \cdot L^{-1}$ $NaClO_4$，添加 5% FEC）、Super P（导电炭黑）、聚偏氟乙烯（PVDF，质量分数为 3.5%）、无水乙醇。CR2032 规格的正、负极壳，垫片（直径 16.0 mm，厚度 1.0 mm），弹片（直径 15.4 mm，厚度 1.1 mm），钠片（纯度 99%，厚度 1.0 mm），铝箔（纯度 99%，厚度 1.0 mm），隔膜（Whatman GF/A 玻璃纤维膜），绝缘镊子，普通镊子，50 mL 烧杯，四面制备器。

2. 仪器

分析天平，切片机，打孔冲头（直径 14 mm），真空干燥箱，管式炉，球磨机，电池封装压片机，手套箱，电化学工作站，新威电池测试系统，万用表。

四、实验步骤

1. 正极材料的制备

（1）将碳酸钠、草酸亚铁和磷酸二氢氨按物质的量之比 0.5∶1∶1，称取一定量后，加入 5 mL 无水乙醇，放入球磨机以 400 r·min⁻¹ 转速球磨 24 h。

（2）所得粉末在氮气气氛中 600℃ 下煅烧 12 h，得到最终所需材料 $NaFePO_4$。

2. 正极片、负极片及隔膜的制备

（1）将正极材料（$NaFePO_4$）、Super P 和 PVDF 按照质量比 8∶1∶1 混合复配为电极浆料，充分搅拌。

（2）用四面制备器（厚度 100 μm）将电极浆料涂覆在铝箔上。

（3）随后把涂好后的铝箔置于真空干燥箱中，在 90℃ 下恒温 10 h。

（4）用切片机进行切片，切成直径为 12 mm 的正极片。

（5）在分析天平上称量空白铝箔电极片，然后称量涂覆正极材料的铝箔电极片，计算铝箔电极片上正极材料的质量。

（6）以钠片为负极材料，在手套箱中用打孔冲头将其切成直径为 14 mm 的负极片。

（7）以 Whatman GF/A 玻璃纤维膜为隔膜，用切片机切成直径为 16 mm 的隔膜。

3. 电池的组装

扣式钠离子电池内部结构示意图如图 14-2 所示。具体来说，其由正极壳、正极（极片）、隔膜、负极（极片）、垫片、弹片及负极壳组成。具体组装过程如下：

（1）先放一个正极壳，用镊子取一片涂覆正极材料的铝箔放在正极壳中间，涂覆正极材料的面朝上，滴 2~3 滴电解液在正极片上。

（2）用镊子取一片隔膜放在正极片上，再滴 2~3 滴电解液于隔膜上。

（3）用镊子依次取一片钠片（负极片）、垫片、弹片放在正极壳中间。

（4）用绝缘镊子取负极壳并将电池封装。

（5）使用电池封装压片机，压紧至 50 kg·cm⁻²，然后松开电池制备完成。

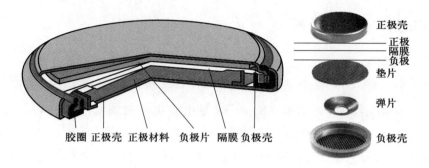

图 14-2 扣式钠离子电池内部结构示意图

4. 电池性能测试

（1）电池开路电压测试：先用万用表（量程为 20 V）简单测试电池的开路电压，初步确定电池组装是否合格。负极对正极，正极对负极，若显示电压在 1~3 V，则电池合格。

（2）循环伏安曲线测试：使用电化学工作站在 1.5~4.5 V（vs. Na$^+$/Na）的电压范围内，以 0.1 mV·s^{-1} 的扫描速度在常温下进行循环伏安测试以考察材料的出峰电位。

（3）电池循环性能测试：使用新威电池测试系统对组装的扣式电池进行恒电流放电（嵌钠）和充电（脱钠）的循环测试。在 0.5 A·g^{-1} 的电流密度下对电极材料进行长的循环测试以考察材料的循环稳定性，并进行性能的对比。

（4）电池倍率性能测试：对电极材料以 0.2 A·g^{-1}、0.5 A·g^{-1}、1 A·g^{-1} 和 2 A·g^{-1} 的电流密度进行充放电测试以考察材料的倍率性能。所有电流密度和比容量的计算均基于正极材料质量。

五、实验数据处理

（1）用 Origin 软件处理循环伏安曲线，标注峰位置，写出相应的反应方程式。

（2）用 Origin 软件处理电池在恒定电流密度下的充放电曲线，获得电池的循环性能。

（3）用 Origin 软件处理电池在不同电流密度下的充放电曲线，获得电池的倍率性能。

六、实验注意事项

（1）电极浆料配制过程中，严格按照正极材料、Super P 和 PVDF 溶液的顺序逐一加入，分散均匀，所有电池组装配件和器材要提前准备好。

（2）组装过程中，保证正极片、隔膜、垫片和弹片处于正极壳和负极壳中间，以便封装。封装压片过程中，压片的压力严格符合给定的数值。封装好后，应立即用万用表检测电池是否组装成功。

（3）使用管式炉过程中，一定要按操作手册进行，切勿随意操作。

七、思考题

（1）与常规的锂离子电池相比，钠离子电池的优势与不足有哪些？

（2）钠离子电池正极材料 NaFePO$_4$ 主要存在哪些问题？如何改善？

（3）钠离子电池中钠枝晶如何形成？抑制钠枝晶的方法有哪些？

参考书目及文献　　　　　　　思考题参考答案

实验15 镍基普鲁士蓝正极材料的制备及其水系钠离子电池性能测试

一、实验目的

（1）了解水系钠离子电池的工作原理；

（2）了解普鲁士蓝正极材料的种类和结构特性及其储存钠离子的机理；

（3）掌握镍基普鲁士蓝的制备方法；

（4）了解电化学工作站的基本工作原理及三电极体系，并熟悉其使用方法；

（5）掌握水系钠离子半电池测试体系和方法；

（6）了解循环伏安法的基本原理，掌握数据的处理方法及充放电曲线分析方法。

二、实验原理

水系钠离子电池是以水溶剂作为电解液的钠离子电池，其原理与有机体系的钠离子电池类似，正极是通常是富钠结构的化合物，负极是可脱嵌钠离子的化合物。与传统钠离子电池相比，水系钠离子电池是更安全的替代品。水系电解液在以下方面提供了巨大的竞争力：（1）低成本，包括钠盐本身的低成本和通过排除无氧和干燥程序降低的制造成本；（2）对环境友好，因为水是非挥发性溶剂，安全无毒且不可燃；（3）快速充电能力和高功率密度，因为水系电解液的离子电导率往往是有机系电解液的百倍以上；（4）对电气和机械处理不当时的高耐受性，即使经历快速放电、弯曲、切割和清洗，也不会造成严重后果。

但是水本身的分解电位比较低，为 1.23 V，在充放电过程中容易产生氢气和氧气。因此，在选择电极材料时，一是需要考虑材料与水和气体之间可能发生的副反应；二是材料本身的工作电压窗口，需要落在水的分解电位以内；三是需要考虑材料在水中的溶解问题；四是需要考虑材料在充放电过程中质子的共嵌入反应对材料结构的不可逆破坏。

水系钠离子电池与锂离子电池类似，是一种可循环充放电的摇椅式二次电池，其区别在于电池内部电荷载体的不同。钠离子电池的正、负极材料由不同的可嵌钠化合物组成，通过钠离子在正、负极之间的嵌入和脱出实现电荷转移。如图15-1所示，一般正极在组装为全电池前处于嵌钠状态，当对电池充电时，正极上的电子通过外部电路转移到负极，Na^+ 从正极进入电解液，通过隔膜空隙到达负极，与电子结合在一起，确保了电荷平衡，此时负极处于富钠状态。其放电过程则与之相反。

普鲁士蓝及其类似物（Prussian blue analogues，PBA）作为钠离子电池正极材料激发了许多相应的研究，其原因有：（1）三维开放框架式结构可以为 Na^+ 提供可用的嵌入位点和较大的离子通道；（2）PBA 合成工艺简便，结构坚固，无毒且成本低，使其适用于工业领域；（3）PBA 的氧化还原电位可以通过采用不同的金属元素和不同浓度的电解液进行调节。PBA 的分子通式为 $A_x P[R(CN)_6]_y \cdot zH_2O$，其中 A 为碱金属离子，如 Li^+、K^+、Na^+；P 和 R 均为过渡金属。当 R=Fe 时，即为金属基六氰合铁酸盐（hexacyanoferrates，HCFs），是 PBA 主要的研究方

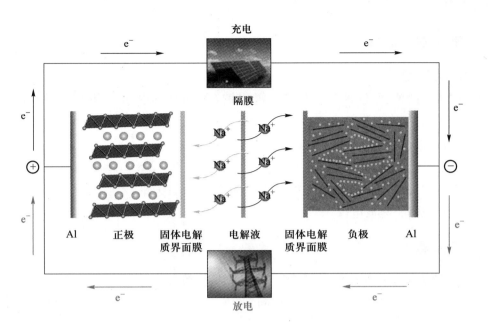

图 15-1 钠离子电池的工作原理

向。而 P 位置的过渡金属可以是 Mn、Fe、Ni、Co、Cu、Zn 等。PBA 的传统制备步骤中,由于产物的溶解性极低,反应方程式在短时间内向右进行,产物快速完成了成核和晶体生长。在这个过程中往往会将部分水引入晶体结构,从而产生大量的 Fe(CN)$_6$ 空缺和结晶水,完整晶体和缺陷晶体的结构图 15-2 所示。从图 15-2(b) 中可以观察到,水分子中的氧原子代替了原先的 Fe 原子与 M 配位,间隙水则占据在 A 位点附近。

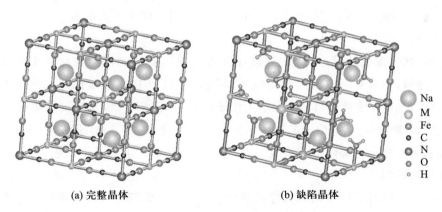

(a) 完整晶体   (b) 缺陷晶体

图 15-2 PBA 框架结构示意图

单金属镍基普鲁士蓝储存机理如下:当 P 位置有且仅有一类过渡金属元素时,即可称为单金属基普鲁士蓝材料。当 P 位置上采用不同的金属元素时,单个 PBA 分子可以经历 1 单位或 2 单位的氧化还原反应,取决于该金属元素是否为电化学惰性。而镍基普鲁士正极材料储存钠离子主要依靠铁离子变价的单金属反应。当电池充电时,钠离子从正极脱出,镍基普鲁士蓝正极材料中的 Fe^{2+} 氧化成 Fe^{3+},放电时则相反。

56

三、主要试剂、器材及仪器

1. 试剂与器材

亚铁氰化钠［$Na_4Fe(CN)_6 \cdot 3H_2O$］，氯化钠（NaCl），氯化镍（$NiCl_2 \cdot 6H_2O$），硫酸钠（Na_2SO_4），去离子水，乙醇，Super P（导电炭黑），聚偏氟乙烯（PVDF）。烧杯，磁子，铂片对电极，饱和甘汞电极（饱和 KCl 溶液），称量瓶，不锈钢网。

2. 仪器

磁力搅拌器，离心机，超声波清洗器，真空干燥箱，分析天平，X 射线粉末衍射仪，热重分析仪，电化学工作站，充放电仪。

四、实验步骤

1. 共沉淀法制备镍基普鲁士蓝（Ni-PBA）正极材料

室温下，将$Na_4Fe(CN)_6 \cdot 3H_2O$（3 mmol）和 NaCl（12 g）添加到 150 mL H_2O 中制得溶液 A，将 $NiCl_2 \cdot 6H_2O$（6 mmol）添加到另外 150 mL H_2O 中制得溶液 B，两者都经过 10 min 剧烈的超声处理。然后，在 75℃下将溶液 A 滴加到溶液 B 中，之后，将得到的 Ni-PBA 悬浮液静置 24 h。最后，将沉淀物进行离心处理，用水和乙醇洗涤多次后，置于真空干燥箱中，在 60℃下干燥 12 h。

2. Ni-PBA 工作电极的制备

将制备得到的 Ni-PBA、Super P 和 PVDF 按照质量比 8∶1∶1 混合复配为电极浆料，充分搅拌，然后用扁头毛笔将浆料涂覆在不锈钢网上，随后把涂好后的不锈钢网置于真空干燥箱中，在 80℃下恒温 1 h 得到电极片。用电极夹将其固定作为工作电极。

3. 电化学性能测试

（1）循环伏安曲线测试：电化学测试在配备常规三电极电池的电化学工作站上进行。以铂片为对电极，饱和甘汞电极为参比电极，与制备的工作电极组装成三电极体系，电解液为 1 mol·L^{-1} Na_2SO_4 溶液。打开电化学工作站开关，调出循环伏安法测试界面设置参数。初始电位设定为开路电位，低电位设定为 0 V，高电位设定为 1.0 V，扫描速率为 1 mV·s^{-1}，扫描圈数为 5 圈，灵敏度根据实际电流设定。将三电极体系与电化学工作站成功连接后开始测试，测试条件为室温。

（2）充放电性能测试：使用充放电仪测试系统对组装的三电极体系进行恒电流充电（脱钠）和放电（嵌钠）的循环测试。称取一定量的电极片，准确记录其质量，在 0.2 A·g^{-1} 的电流密度下从开路电位开始，先充电设置到 1.0 V，再放电到 0 V，在此电位区间内对电极材料进行长的循环测试以考察材料的循环稳定性，分析充放电曲线的平台。通过调节不同电流密度，测试在 0.2 A·g^{-1}、0.3 A·g^{-1}、0.5 A·g^{-1}、1 A·g^{-1}、2 A·g^{-1}、3 A·g^{-1}、5 A·g^{-1} 电流密度下的容量大小和倍率性能。

五、实验数据处理

（1）用 Origin 软件处理导出的循环伏安曲线数据，标注峰电流和峰电位位置，标注氧化峰和还原峰对应的过程。

（2）用 Origin 软件处理电极在恒定电流密度下的充放电曲线，获得电池的循环性能。

（3）用 Origin 软件处理电极在不同电流密度下的充放电曲线，获得电极的倍率性能。

六、思考题

（1）普鲁士蓝正极材料的合成方法有哪些？

（2）普鲁士蓝作为水系钠离子电池正极材料的优缺点是什么？

参考书目及文献

思考题参考答案

实验 16 纳米二硒化钴负极材料的制备及其储钾性能测试

一、实验目的

（1）了解钾离子二次电池的基本工作原理；
（2）了解二硒化钴负极材料的制备方法；
（3）掌握钾离子电池的基本结构与组装过程；
（4）掌握钾离子电池性能的测试方法和数据处理。

二、实验原理

在充放电过程中，钾离子通过非液相或液相电解液在正极材料与负极材料之间来回迁移。充电时，钾离子首先从正极材料中脱离，然后正极释放出的钾离子在浓度梯度作用下，在电解液中传输到负极材料表面，然后嵌进负极材料。与此同时电子通过外部电路从正极流动到负极。从而电池内电路与外电路一块共同构成回路，实现电能与化学能之间的可逆转化。而在放电时，整个回路过程会反方向进行。图 16-1 描述了典型的基于普鲁士蓝类似物正极 $KFeFe(CN)_6$ 和石墨负极的钾离子电池工作原理，其中正向为充电过程，逆向为放电过程。与锂离子电池的工作原理相似，钾离子电池同样为"摇椅式电池"。在充电过程中，正极发生的是氧化反应，钾离子从正极材料脱出，形成 $K_{1-x}FeFe(CN)_6$；负极材料在从外电路中接收电子的同时，从电解液中接收钾离子，形成 K_xC_8。放电过程反之。具体的反应方程式如下（$0 < x < 1$）：

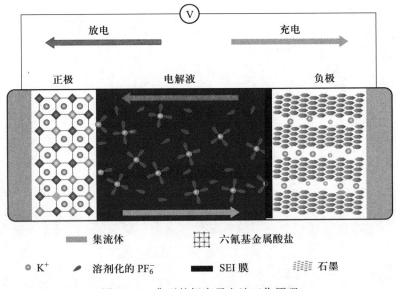

图 16-1 典型的钾离子电池工作原理

$$正极：KFeFe(CN)_6 - xe^- - xK^+ \longrightarrow K_{1-x}FeFe(CN)_6$$

$$负极：8C + xe^- + xK^+ \longrightarrow K_xC_8$$

$$总反应：KFeFe(CN)_6 + 8C \longrightarrow K_{1-x}FeFe(CN)_6 + K_xC_8$$

过渡金属硒化物(TMD)作为钾离子电池的负极材料近些年来得到了广泛的关注。相比其他负极材料来说,过渡金属硒化物的形貌设计更加容易、可控,展现出较高的比容量。通过对电池体系进行优化设计,能获得优异的倍率性能和良好的循环稳定性。但是 TMD 缓慢的反应动力学是在其实际应用中的重要阻碍,界面结构工程有利于促进电子相互作用,带来电极材料中电荷的重新分布,并形成内部电场。在本实验中,以沸石咪唑类金属有机框架化合物(ZIF-67)为原料经过连续的碳化和硒化反应,得到富氮碳包覆的硒化物,并通过金属离子掺杂的成分调整策略,改善电极材料在循环过程中的结构完整性,有望获得更好的电化学性能。

三、试剂、器材及仪器

1. 试剂与器材

六水合硝酸钴(分析纯),六水合硝酸镍,2-甲基咪唑,无水甲醇,无水乙醇,硒粉,去离子水,Super P(导电炭黑),CMC(羧甲基纤维素钠),电解液[1 mol·L^{-1} KSFI 的碳酸乙烯酯/碳酸二乙酯(体积比为 1∶1)溶液]。CR2032 规格的正、负极壳,垫片(直径 16.2 mm,厚度 1.0 mm),弹片(直径 15.4 mm,厚度 1.1 mm),金属钾(纯度 99%,厚度 1.0 mm),隔膜(Whatman GF/A 玻璃纤维膜)。

2. 仪器

分析天平,超声波清洗机,离心机,磁力搅拌机,高温反应釜,切片机,真空干燥箱,电池封装压片机,电化学工作站,新威电池测试系统,万用表。

四、实验步骤

1. 材料制备

(1) 钴基沸石类金属框架 ZIF-67 的制备:首先称取 1 mmol 六水合硝酸钴溶于 10 mL 无水甲醇中,形成 A 溶液;然后称取 4 mmol 2-甲基咪唑溶液溶于 10 mL 无水甲醇中,形成 B 溶液。将 B 溶液迅速倒入 A 溶液中,用保鲜膜将烧杯密封,并以合适的速率搅拌 10 min,然后将紫色混合溶液置于干燥处,于室温下静置 24 h。离心,将所得到的紫色沉淀用无水甲醇洗涤数次,在 60℃下真空干燥 12 h,得到的紫色粉末即为 ZIF-67。

(2) Ni 掺杂 ZIF-67 的制备:取 50 mg ZIF-67 粉末溶于 20 mL 无水乙醇中,超声分散 10 min。将不同质量的六水合硝酸镍分别溶解于 5 mL 无水乙醇中,迅速倒入前液并搅拌 1 min,然后将混合溶液转移至 50 mL 高温反应釜中,在 90℃下溶剂热反应 6 h;将得到的产物离心分离并用无水甲醇洗涤三次,60℃真空干燥 12 h。

(3) CoSe$_2$@NC 和 Ni-CoSe$_2$@NC 的制备:将上述制备的前驱体与硒粉按照质量比 1∶2 混合均匀后,在氮气氛围下,以 2℃·min^{-1} 的速率升温至 450℃,煅烧 2 h,再自然冷却至室温后,即可制得 CoSe$_2$@NC 和 Ni-CoSe$_2$@NC。

60

2. 电池的组装

按照质量比 7∶2∶1 称取活性材料、super P 和 CMC,在研钵中将混合物研磨均匀后,加入去离子水,充分研磨,待浆料研磨均匀、黏度适中后,用刮涂法将其涂于直径为 1 cm 的集流体(铜箔)上。然后将涂好的电极片置于 60℃ 真空干燥箱中真空干燥 12 h。称量后,将制备好的电极片转入充满氩气的手套箱中(水、氧含量均小于 1 ppm)。将负极片作为工作电极,金属钾片作为对电极和参比电极,在充满氩气的手套箱中组装成 2032 型扣式电池,按小扣、钾片、隔膜、电解液、负极片、垫片、弹片、大扣的顺序依次放好,然后用电池封装压片机将电池封口。静置 10 h 后,可进行电化学性能测试。

3. 电化学性能测试

用新威测试系统对静置完成的扣式电池进行恒电流充放电测试(测试电压区间:0.01～2.2 V),可以得到测试电池的充放电曲线、倍率性能和循环性能等数据。用电化学工作站对所制备的电极材料进行循环伏安测试(0.1～1.0 mV·s^{-1})。通过分析循环伏安曲线可以推断出发生氧化还原反应的可逆程度。另外,通过测试不同扫描速率下的循环伏安曲线,可以进一步研究电极反应的动力学过程。

五、实验数据处理

用 Origin、XPSPEAK41、Zview 等软件对所得电化学性能数据进行分析,就各组分存在的问题进行深入探索。

六、实验注意事项

(1)对电极片的称量要准确,以免影响后续性能分析的准确性。

(2)将粉末加入甲醇溶液时速度不可过快,甲醇可以有效地稳定前驱体,调控 MOF 成核与生长之间的平衡。

(3)电化学检测时,电池不要放置过久,防止电池容量损失,影响电池检测数据的准确性。

七、思考题

(1)与常规的锂/钠离子电池相比,钾离子电池的优势有哪些?

(2)限制钾离子电池发展的因素主要有哪些?

(3)目前应用于钾离子电池设计和改进的策略有哪些?

参考书目及文献

思考题参考答案

实验 17　水系锌离子二次电池的组装及性能测试

一、实验目的

（1）了解水系锌离子二次电池能量转化的基本原理；

（2）掌握水系锌离子二次电池的基本结构与组成；

（3）了解水系锌离子二次电池的组装过程；

（4）了解电池性能测试的方法和数据处理。

二、实验原理

以锰系锌离子二次电池为例，其电化学机理如图 17-1 所示：

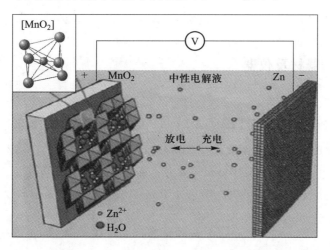

图 17-1　锰系锌离子二次电池的电化学机理

电池放电时，负极的电极反应为 Zn 失去电子生成 Zn^{2+} 和 e^-。正极的电极反应分为两步：第一步，电解液中的氢离子通过界面进入二氧化锰晶格内，与 O^{2-} 反应生成羟基，由负极产生经外电路循环到正极的电子也进入二氧化锰晶格内，将 +4 价的锰还原为 +3 价的锰，生成 MnOOH；第二步，氢氧根离子与硫酸锌和水在电解液中形成大片状 $ZnSO_4[Zn(OH)_2]_3 \cdot xH_2O$。

电池充电时，阴极 Zn^{2+} 得到 e^- 生成 Zn。阳极反应分为两步：第一步是 $ZnSO_4[Zn(OH)_2]_3 \cdot xH_2O$ 分解出 OH^-、Zn^{2+}、$ZnSO_4$ 和 H_2O；第二步，MnOOH 被氧化为 MnO_2，生成 H^+，与 OH^- 结合生成水。

电池放电时的电化学反应方程式：

负极：
$$Zn - 2e^- \longrightarrow Zn^{2+}$$

正极：
$$H_2O \longrightarrow H^+ + OH^-$$

$$MnO_2 + H^+ + e^- \longrightarrow MnOOH$$

$$\frac{1}{2}Zn^{2+} + OH^- + \frac{1}{6}ZnSO_4 + \frac{x}{6}H_2O \longrightarrow \frac{1}{6}ZnSO_4[Zn(OH)_2]_3 \cdot xH_2O$$

总反应:

$$MnO_2 + \frac{1}{2}Zn^{2+} + \frac{x}{6}H_2O + \frac{1}{6}ZnSO_4 \longrightarrow \frac{1}{6}ZnSO_4[Zn(OH)_2]_3 \cdot xH_2O + MnOOH$$

电池充电时的电化学反应方程式:

阴极: $$Zn^{2+} + 2e^- \longrightarrow Zn$$

阳极: $$\frac{1}{6}ZnSO_4[Zn(OH)_2]_3 \cdot xH_2O \longrightarrow \frac{1}{2}Zn^{2+} + OH^- + \frac{1}{6}ZnSO_4 + \frac{x}{6}H_2O$$

$$MnOOH - e^- \longrightarrow MnO_2 + H^+$$

$$H^+ + OH^- \longrightarrow H_2O$$

总反应:

$$\frac{1}{6}ZnSO_4[Zn(OH)_2]_3 \cdot xH_2O + MnOOH \longrightarrow MnO_2 + \frac{1}{2}Zn^{2+} + \frac{x}{6}H_2O + \frac{1}{6}ZnSO_4$$

三、主要试剂、器材及仪器

1. 试剂与器材

MnO_2 粉末(分析纯),电解液[$ZnSO_4$(2 mol · L^{-1})+$MnSO_4$(0.5 mol · L^{-1})的水溶液],去离子水,Super P(导电炭黑),聚偏氟乙烯(PVDF)(15 mg · mL^{-1})。CR2032 规格的正、负极壳,垫片(直径 16.2 mm,厚度 1.0 mm),弹片(直径 15.4 mm,厚度 1.1 mm),锌片(纯度 99%,厚度 1.0 mm),钛箔(纯度 99%,厚度 1.0 mm),隔膜(Whatman GF/A 玻璃纤维膜),绝缘镊子,普通镊子,50 mL 烧杯,扁头毛笔。

2. 仪器

分析天平,切片机,真空干燥箱,电池封装压片机,电化学工作站,电池测试系统,万用表。

四、实验步骤

1. 正极片、负极片和隔膜的制备

将正极材料(MnO_2)、Super P 和 PVDF 按照质量比 8:1:1 混合复配为电极浆料,充分搅拌,然后用扁头毛笔将电极浆料涂覆在钛箔上,随后把涂好后的钛箔置于真空干燥箱中,在 80℃下恒温 1 h,最后用切片机进行切片,切成直径为 16 mm 的正极片。在分析天平上,称量空白钛箔电极片,然后称量涂覆正极材料的钛箔电极片,计算钛箔电极片上正极材料的质量。以锌片为负极材料,用切片机直接将其切成直径为 16 mm 的负极片。以 Whatman GF/A 玻璃纤维膜为隔膜,用切片机切成直径为 16 mm 的隔膜。

2. 电池的组装(以扣式电池为例)

先放一个正极壳,用镊子取一片涂覆正极材料的钛箔放在正极壳中间,涂覆正极材料的面朝上,滴 2~3 滴电解液在正极片上;用镊子取一片隔膜放在正极片上,再滴 2~3 滴电解液

于隔膜上;用镊子依次取一片锌片(负极片)、垫片、弹片放在正极壳中间,用绝缘镊子取负极壳并将电池封装,最后使用电池封装压片机,压紧至 50 kg·cm^{-2},然后松开电池,制备完成。扣式水系锌离子二次电池内部结构及组成见图 17-2。

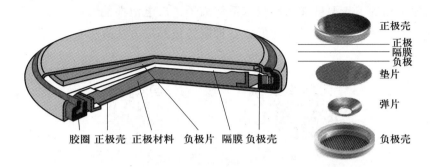

正极壳
正极
隔膜
负极
垫片

弹片

负极壳

胶圈　正极壳　正极材料　负极片　隔膜　负极壳

图 17-2　扣式水系锌离子二次电池内部结构及组成

3. 电池性能测试

(1)电池开路电压测试:先用万用表(量程为 20 V)简单测试电池的开路电压,初步确定电池组装是否合格。负极对正极,正极对负极,若显示电压在 1~2 V,则电池合格。

(2)循环伏安曲线测试:使用电化学工作站在 0.01~2.0 V(vs. Zn^{2+}/Zn)的电压范围内,以 0.1 mV·s^{-1} 的扫描速度在常温下进行循环伏安测试以考察材料的出峰电位。

(3)电池循环性能测试:使用新威电池测试系统对组装的扣式电池进行恒电流放电(嵌锌)和充电(脱锌)的循环测试。在 0.5 A·g^{-1} 的电流密度下对电极材料进行长的循环测试以考察材料的循环稳定性,并进行性能的对比。

(4)电池倍率性能测试:对在 0.5 A·g^{-1}电流密度下性能较好的电极材料以 0.2 A·g^{-1}、0.5 A·g^{-1}、1 A·g^{-1}和 2 A·g^{-1}的电流密度进行充放电测试以考察材料的倍率性能。所有的电流密度和容量的计算均基于的整个电极片。

五、实验数据处理

(1)用 Origin 软件处理循环伏安曲线,标注峰位置,写出相应的反应方程式。

(2)用 Origin 软件处理电池在恒定电流密度下的充放电曲线,获得电池的循环性能。

(3)用 Origin 软件处理电池在不同电流密度下的充放电曲线,获得电池的倍率性能。

六、实验注意事项

(1)电极浆料配制过程中,严格按照正极材料、Super P 和 PVDF 的顺序逐一加入,所有电池组装配件和器材要提前准备好。

(2)组装过程中,保证正极片、隔膜、垫片和弹片处于正极壳和负极壳中间,以便封装。封装压片过程中,压片的压力严格符合给定的数值。封装好后,应立即用万用表检测电池是否组装成功。

(3)电化学检测时,电池不要放置过久,防止电池容量损失,影响电池检测数据的准确性。

64

七、思考题

（1）与常规的锂离子电池相比，锌离子二次电池的优势与不足有哪些？

（2）电池检测的工作温度如何影响水系锌离子二次电池性能？

（3）锌离子二次电池锌枝晶如何形成？抑制锌枝晶的方法有哪些？

参考书目及文献　　　　　　思考题参考答案

实验 18　锌空气电池二氧化锰催化剂的制备及其电化学性能测试

一、实验目的

（1）了解锌空气电池的工作原理及相关概念；

（2）掌握锌空气电池二氧化锰催化剂的制备方法；

（3）掌握锌空气电池性能测试方法。

二、实验原理

1. 锌空气电池

锌空气电池已经有一百多年的发展历史，早在 1879 年 Maiche 等人以锌片为负极，碳和铂粉的混合物为正极，氯化铵水溶液为电解液，制备出第一个锌空气电池，但是当时的电流密度只能达到 0.3 mA·cm^{-2}。经过科学家们不懈的努力，终于在 1932 年 Heise 等人将电解液换为碱性的，并用石蜡防止电解液浸没空气电极，这样不仅提高了电解液的导电性，而且降低了溶液电阻。20 世纪 60 年代后，世界各国高度重视燃料电池的开发，随着研究的深入，碱性锌空气电池的电化学性能得到很大提高。

碱性锌空气电池由金属锌负极、空气正极和碱性电解液 KOH 组成。一般情况下，锌空气电池中的金属锌负极是将锌粉制成膏状后涂抹在导电镍网上，再真空干燥后压制得到的，或者直接使用锌板。金属锌负极在放电过程中失去电子，发生溶解，所以封闭式填充锌电极可作为可充锌空气电池的负极使用。而碱性锌空气电池的正极（空气扩散电极）一般使用一些高分子化合物、活性炭、电催化剂（如二氧化锰，钙钛矿型氧化物，尖晶石氧化物，贵金属银、铂等）和集电流材料（如镍网），空气扩散电极是一种能够透过空气、不透过液体、可以导电并具有氧化还原催化活性的薄膜（见图 18-1）。

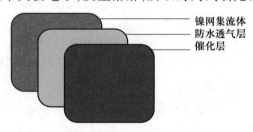

图 18-1　空气扩散电极的结构

其原理用反应方程式可表示为

$$(-)Zn\,|\,KOH\,|\,O_2(空气)(+)$$

负极：　　　　$Zn + 2OH^- \longrightarrow ZnO + H_2O + 2e^-$　　　　$\varphi^\ominus = -1.245\ V$

正极：　　　　$\frac{1}{2}O_2 + H_2O + 2e^- \longrightarrow 2OH^-$　　　　$\varphi^\ominus = 0.401\ V$

总反应：　　　　$Zn + \frac{1}{2}O_2 \longrightarrow ZnO$　　　　$E^\ominus = 1.646\ V$

电动势可以表示为

$$E = 1.646\ V + \frac{RT}{2F}\ln p^{\frac{1}{2}}(O_2)$$

66

锌在碱性电解液 KOH 介质中与空气中的氧气发生氧化还原反应,锌作为负极活性物质提供电子,空气中的氧气作为正极活性物质通过做成的空气电极载体活性炭得到电子,在碱性电解液 KOH 介质中形成闭合电路,从而为外界提供动力电源。

锌空气电池具有容量大、比能量高、放电电压平稳、安全性好、储存寿命长、成本低等优点,因此近年来备受科研人员的关注。但空气电极中催化剂的催化活性较低,这是影响锌空气电池商业化进程的重要因素。截至目前,空气电极已采用催化效果好的铂、银和铑等贵金属作为催化剂,但这使得电池的成本增加,商品化成本高。因此,寻找高性能的氧还原电极催化剂一直以来都是锌空气电池领域的热点。

2. 锰氧化物催化剂

锰氧化物具有良好的氧还原和过氧化氢分解催化活性,并且价格低廉、丰富易得,很早就被作为催化剂加以研究。锰氧化物催化剂的制备方法主要有湿掺法和锰化合物热处理法两种,后者常常可以制得催化性能更好的催化剂。湿掺法是利用化学方法制备出锰氧化物,然后负载于载体上,这就有可能使催化剂有效面积减小,使催化剂的利用效率降低。锰化合物热处理法是先将含锰化合物与催化剂载体混合均匀,然后通过热处理得到锰氧化物催化剂。在此过程中,不同的热处理温度和升温速率的变化都可能产生不同晶形的锰氧化物,如 α、β、γ、δ 四种不同晶形的 MnO_2 及 Mn_2O_3、Mn_3O_4 等。研究发现,γ-MnO_2 的性能最好。有研究认为,将硝酸锰负载于催化剂载体后,在 340℃ 下分解制备的 MnO_2 催化效果最好。由于锰的价态多变,通过热分解很难控制生成单一的氧化物。

本实验中采用硫酸锰为锰源,利用水热法制备得到纳米线状 MnO_2 催化剂。

三、主要试剂、器材及仪器

1. 试剂与器材

硫酸锰,过硫酸铵,聚四氟乙烯(PTFE,质量分数为 60%),无水乙醇,活性炭(催化剂载体),KOH(分析纯),去离子水。玛瑙研钵,镊子。

2. 仪器

分析天平,磁力搅拌器,高压反应釜,恒温水浴锅,100 目筛子,箱式电阻炉,CHI760E 电化学工作站。

四、实验步骤

1. 纳米线状 MnO_2 催化剂的制备

(1)向 8 mmol 过硫酸铵和 8 mmol 硫酸锰中加入 20 mL 去离子水。

(2)磁力搅拌 30 min 后转入内衬聚四氟乙烯的高压反应釜中,将高压反应釜置于 120℃ 烘箱中反应一定时间(40 min~48 h),自然冷却至室温,将过筛的混合反应物放入箱式电阻炉内,300℃ 下灼烧 10 h 后,冷却至室温。

(3)过滤产物,得到黑色沉淀,用去离子水反复洗涤,50℃ 下干燥 36 h,得到黑色粉末。

2. 空气电极的制备

(1)纳米 MnO_2 催化层制备:将制备的纳米线状 MnO_2、活性炭和 PTFE 按质量比

70：20：10混合搅拌均匀后，加入适量无水乙醇使混合物充分润湿，使其各组分黏结在一起，当搅拌成类似于黏稠的且具有相当韧性的面团时，反复擀压至 0.2~0.3 mm 厚。

（2）导电骨架：镍网（80 目）用作集流体。

3. 极化曲线测试

（1）采用 CHI760E 电化学工作站进行三电极循环伏安测试：参比电极为 Hg/HgO 电极，对电极为铂片，工作电极为制备电极，研究体系所采用的电解液为 30% 的 KOH 溶液。

（2）电极制备：取两块催化膜，裁成 7 mm × 7 mm 大小，按照催化膜、镍网、催化膜的顺序在压片机用 3 MPa 的压力压成电极。

（3）CHI760E 电化学工作站接线方式：红线接对电极，白线接参比电极，绿线接工作电极。电压范围为 $-0.6~0.1$ V（vs. Hg/HgO），在 5 mV·s^{-1} 扫描速率下研究纳米线状 MnO$_2$ 催化剂的极化曲线。绘制其电压−电流曲线。

五、实验数据处理

（1）用 Origin 软件处理三电极体系的循环伏安曲线，标注峰位置。
（2）用 Origin 软件处理纳米线状 MnO$_2$ 催化剂的极化曲线，评价电池的性能。

六、实验注意事项

（1）水热反应结束后，务必待反应釜温度降至室温后再打开，以保证实验安全和反应釜的使用寿命。
（2）组装三电极电解池时，KOH 溶液的添加量以刚好没过工作电极为宜。

七、思考题

（1）简要说明锌空气电池的工作原理及存在的问题和挑战。
（2）列举几种其他制备二氧化锰的方法，并简要说明。
（3）循环伏安的原理是什么？通过循环伏安测试曲线图可以得到材料哪些有用的电化学性能信息？

参考书目及文献

思考题参考答案

实验 19　层状氯氧化铁的合成及其在氯离子电池中的应用

一、实验目的

(1) 了解氯氧化铁的结构;

(2) 了解热分解法的基本原理;

(3) 掌握氯离子在氯氧化铁中传输的机理及电池电极片的制备方法;

(4) 了解电池测试仪,并熟悉其使用方法;

(5) 了解电池循环稳定性能测试的基本原理,并掌握数据的处理方法。

二、实验原理

氯氧化铁($FeOCl$)是一种具有层状结构的材料(如图 19-1 所示),层间靠范德华力结合,层结构中子段为 Cl—Fe—O—Fe—Cl, 同层的氯原子中间堆积着两层扭曲的八面体结构的 cis-$[FeCl_2O_4]$。$FeOCl$ 材料中的金属阳离子能被强路易斯碱 O^{2-} 牢牢绑定,同时氯离子存在于该材料每层的外侧,金属离子与氯离子之间的化学键较容易断,容易失去氯离子。该材料作为氯离子电池正极材料,具有与离子电解液相溶性好、材料资源丰富、理论容量高和工作电压高等优点。

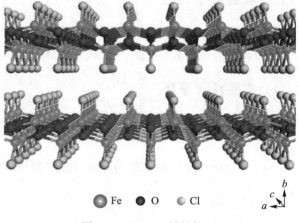

● Fe　● O　● Cl

图 19-1　FeOCl 的结构

1. 热分解法的基本原理

热分解是指加热升温使化合物分解的过程。热分解法是通过控制一定的制备条件(如焙烧温度、时间、气氛等)制备稳定性较好的材料的合成方法。

以 $FeCl_3 \cdot 6H_2O$ 为前驱体,通过加热使氯化铁与自身的结晶水反应,再通过 HCl 脱除可生成 $FeOCl$。50~250℃时,氯化铁水合物先失去部分水分子形成含有两个水分子的氯化铁水合物,加热分解生成含一个水分子的氯氧化铁,再加热分解生成氯氧化铁。反应方程式如下:

$$FeCl_3 \cdot xH_2O(s) \longrightarrow FeCl_3 \cdot 2H_2O(s) + (x-2)H_2O(g)$$

$$FeCl_3 \cdot 2H_2O(s) \longrightarrow FeOCl \cdot H_2O(s) + 2HCl(g)$$

$$FeCl_3 \cdot H_2O(s) \longrightarrow FeOCl(s) + H_2O(g)$$

2. 氯离子电池的储能原理

氯离子电池可在常温下运行,包含金属氯化物/金属电极体系、金属氯氧化物/金属体系及能够传导氯离子的离子液体电解质,如图 19-2 所示。正极为过渡金属氯化物或部分主族金属氯化物,负极为碱金属(如 Li、Na)、碱土金属(如 Mg、Ca)或稀土金属(如 La、Ce)。电池体系的电化学反应如下：

正极：$$M_cCl_n \longrightarrow M_c + nCl^-$$

负极：$$M_a + mCl \longrightarrow M_aCl_m$$

全电池：$$mM_cCl_n + nM_a \longrightarrow mM_c + nM_aCl_m$$

其中，M_c 为正极的金属元素；M_a 为负极的金属元素；m 或 n 为氯离子的个数。

3. 氯离子在 FeOCl 中传输的机理

金属氯化物与离子液体发生路易斯酸碱反应，溶解于电解液中，同时会穿梭到负极与负极发生反应，导致电池循环性能差。因此，使用在电解液中稳定的金属氯氧化物可以有效提升电池的电化学性能。金属氯氧化物材料中的金属阳离子能被强路易斯碱 O^{2-} 牢牢绑定，同时金属氯氧化物大部分以层状结构的形式存在，氯离子存在每层的外侧且金属离子与氯离子之间的化学键较容易断，容易失去氯离子。氯离子脱离 FeOCl 的过程分为两步反应。首先氯离子从 FeOCl 中脱出，FeOCl 结构未发生变化，当一层氯离子完全脱离后，FeOCl 中晶胞参数 b 明显减小；然后剩下的一层氯离子脱离后，发生物相转换反应形成 FeO。运用第一性原理计算可验证氯离子数目的减少对 $Fe_8O_8Cl_x$ 晶胞单元中晶格常数影响（见图 19-3），当失去 50% 的氯离子前，FeOCl（$Fe_8O_8Cl_6$）的整个晶格基本保持不变，其中晶胞参数 b 和 c 保持不变；当失去 50% 的氯离子后，$Fe_8O_8Cl_4$ 的晶胞参数 b 减少了 2 Å，FeOCl 相完全崩塌，此时铁离子持续偏向氧离子占据的位置，将要形成 Fe-O 相。

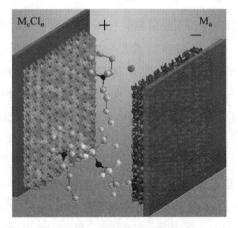

图 19-2　氯离子电池（金属氯化物／金属体系）示意图

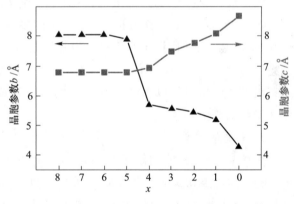

图 19-3　氯离子数目的减少对 $Fe_8O_8Cl_x$ 晶胞单元的晶胞参数 b 和 c 的影响

三、主要试剂、器材及仪器

1. 试剂与器材

六水合三氯化铁，三丁基甲基氯化铵（$C_{13}H_{30}ClN$，99%），1-丁基-1-甲基哌啶双（三氟甲烷磺酰）亚胺盐（$PP_{14}TFSI$，99%），丙酮，N-甲基吡咯烷酮（NMP）、Super P（导电炭黑）、聚偏氟乙烯（PVDF）。CR2032 规格的正、负极壳，垫片（直径 16 mm，厚度 1.0 mm），弹片（直径 15.4 mm，厚度 1.1 mm），锂片（纯度 99.9%，直径 16 mm，厚度 0.6mm），隔膜（Celgard-

3501)、合成石墨片(DSN-5017),石英坩埚,绝缘镊子,普通镊子,茄形瓶。

2. 仪器

恒温鼓风干燥箱,真空干燥箱,光波炉,旋转蒸发仪,台式高速离心机,超声波水浴仪,分析天平,切片机,新威电池测试系统,电池封装压片机,超级净化手套箱,手动型冲片机。

四、实验步骤

1. FeOCl 的制备

(1) 减压热分解法制备 FeOCl:称取 2.5 g $FeCl_3 \cdot 6H_2O$ 于茄形瓶中,再将茄形瓶放置于 50℃ 水浴中直至 $FeCl_3 \cdot 6H_2O$ 完全熔化成液态。所用的油浴先预热至一定温度(200℃),再将茄形瓶装到旋转蒸发仪上,启动循环水泵抽真空至真空表的 -0.1 MPa 位置。随后将茄形瓶浸入油浴中,保温一定时间(1 h),再将茄形瓶移出油浴自然冷却。取出茄形瓶中的粉末,用丙酮除去未反应完的金属氯化物或其水合物。所得到的样品粉末在 60℃ 真空干燥箱中干燥 24 h。降温后将样品粉末氩气密封后保存在手套箱中。

(2) 微波热分解法制备 FeOCl:称取 2.5 g $FeCl_3 \cdot 6H_2O$ 均匀分散在敞口石英坩埚中,再通过 50℃ 的水浴使其熔化。然后直接将石英坩埚置于光波炉中,反应 3 min。取出石英坩埚中的粉末,用丙酮除去未反应完的金属氯化物或其水合物。所得到的样品粉末在 60℃ 真空干燥箱中干燥 24 h。降温后将样品粉末用氩气密封后保存在手套箱中。

2. 正极片、负极片和隔膜的制备

将正极材料(FeOCl)、导电剂(Super P)和黏结剂(PVDF)按照质量比 6:3:1 在有机溶剂 NMP 中混合均匀,经充分搅拌后制得电极浆料。将电极浆料涂覆在合成石墨片(或不锈钢片)集流体上,随后把涂好后的电极片置于真空干燥箱中,在 80℃ 下恒温 1 h,最后用切片机进行切片,切成直径为 12 mm 的正极片。在分析天平上称量集流体及正极片,计算正极片上正极材料的质量。以直径为 16 mm 的锂片为负极材料,以直径为 19 mm 的 Celgard-3501 多孔聚丙烯膜为隔膜。

3. 电池的组装

先放一个正极壳,用镊子取一片制备的正极片放在正极壳中间,涂覆正极材料的面朝上,再滴 2~3 滴 0.5 $mol \cdot L^{-1}$ $N_{4441}Cl/PP_{14}$ TFSI 电解液在正极片上;用镊子取一片隔膜放在正极片上,再滴 2~3 滴电解液于隔膜上;用镊子依次取一片锂片(负极片)、垫片、弹片放在正极壳中间,用绝缘镊子取负极壳并将电池封装,最后使用电池封装压片机,压紧至 50 $kg \cdot cm^{-2}$,然后松开电池制备完成。

4. 电池性能测试

(1) 电池开路电压测试:先用万用表(量程为 20 V)简单测试电池的开路电压,初步确定电池组装是否合格。负极对正极,正极对负极,若显示电压在 2.8~3.3 V,则电池合格。

(2) 电池循环性能测试:使用新威电池测试系统对组装的扣式电池进行恒电流放电(嵌氯)和充电(脱氯)的循环测试。在 10 $mA \cdot g^{-1}$ 的电流密度下对电极材料进行长的循环测试以考察材料的循环稳定性,并进行性能的对比。

五、实验数据处理

（1）用 Origin 软件处理电池在恒定电流密度下的充放电曲线，获得电池的循环性能。

（2）分析循环稳定性曲线，如首次放电容量、最高放电容量及 50 次循环后容量衰减率，从而比较两种不同制备方法得到的 FeOCl 材料的电化学循环稳定性的差异，并解释原因。

六、实验注意事项

（1）电极浆料配制过程中，先将 PVDF 溶解在 NMP 中，再将活性物质与导电炭黑的混合物加入搅拌。

（2）组装过程中，在手套箱中操作，检查手套箱状态（水、氧含量），保证正极片、隔膜、垫片和弹片处于正极壳和负极壳中间，以便封装。封装压片过程中，压片的压力严格符合给定的数值。封装好后，应立即用万用表检测电池是否组装成功。

（3）电化学检测时，电池不要放置过久，防止电池容量损失，影响电池检测数据的准确性。

七、思考题

（1）热分解法制备 FeOCl 时，为什么先使 $FeCl_3 \cdot 6H_2O$ 完全熔化成液态？

（2）采用涂浆法制备正极片时，为什么不能用水作为溶剂？

（3）在进行充放电循环测试过程中，电流密度对实验结果有何影响？

参考书目及文献

思考题参考答案

实验20　超级电容器的制备与性能测试

一、实验目的

（1）了解超级电容器的基本原理；

（2）了解超级电容器比容量的测试原理及方法；

（3）掌握超级电容器电极材料的制备方法；

（4）掌握恒流充放电测定材料比容量的方法。

二、实验原理

超级电容器（supercapacitor）是一种新型储能装置，它具有充电时间短、使用寿命长、温度特性好、节约能源和绿色环保等特点。超级电容器用途广泛，用作起重装置的电力平衡电源，可提供超大电流的电力；用作车辆启动电源，启动效率和可靠性都比传统的蓄电池高，可以全部或部分替代传统的蓄电池；用作车辆的牵引能源，可以生产电动汽车、替代传统的内燃机、改造现有的无轨电车；此外，还可用于其他机电设备的储能能源。用于超级电容器电极的材料有各种碳材料、金属氧化物和导电聚合物。

根据存储电荷的机理，超级电容器分为以活性炭为电极材料的双电层电容器（EDLC）、以金属（氢）氧化物或导电聚合物为电极材料的赝电容器（pseudocapacitor），以及以赝电容和双电层电容材料分别作正、负极材料的混合型电容器（hybrid supercapacitor），双电层电容器的储能机理是基于固液界面形成的双电层，而赝电容器的储能机理则是基于可逆的赝电容反应（包括表面氧化还原反应和嵌入-脱出反应）。

1. 基本原理

超级电容器具有与电池相似的结构，由双电极结构组成，用浸在电解液中的隔膜隔开。

其主要组成部分是两个电极、电解质溶液、隔膜和集电器。超级电容器与常规电容器的储能原理相同，但超级电容器具有更大的比容量，更适合于快速释放和存储能量。

双电层电容器的储能原理本质上与静电容器一致，利用电极材料和电解液界面形成的电荷分离存储电荷（见图20-1）。由于外加电场作用，充电时极板上的空间电荷会吸引电解液中离子，使其在距极板表面一定距离处形成一个离子层，与极板表面的剩余电荷形成双电层结构，两者所带电荷量相同，电荷正负相反。由于势垒的存在，电荷不会中和，另一个极板也是如此。充电完成，将施加的电场撤离后，电解液中的阴、阳离子与极板上的正、负电荷相互吸引，双电层不会消失，于是能量就存储在双电层中。当连接上负载时，由于

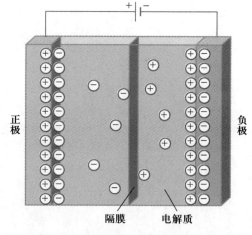

图 20-1　双电层电容器示意图

正、负电极存在电位差,将有电流产生,电荷从正极经负载流向负极。同时,双电层中被吸引的阴、阳离子脱离库仑力的束缚,分散在电解液中的双电层消失,能量被释放。双电层电容器的电容值与电极表面积成正比,与双电层厚度成反比。

赝电容器是利用电极表面或体相中二维或准二维空间发生电化学活性物质的吸/脱附或高度可逆的电化学氧化还原反应来存储电荷的(见图 20-2)。充电时,极板电位发生变化,吸引电解液中的阴、阳离子到极板表面,与被活化的电极材料发生快速可逆的法拉第氧化还原反应,或发生欠电位沉积。放电时,极板处又发生相应的逆反应,使容器恢复初始的状态,能量被释放。因此,与双电层电容器不同,由于涉及化学反应,赝电容器的比容量与所加电位有一定的关系。

混合型电容器中一个电极采用金属氧化物、导电聚合物或其他电池型材料,通过电化学氧化还原反应存储和转化能量,另一个电极则通过双电层材料(如各种碳材料)来存储和释放能量(见图 20-3)。存储原理是双电层电容器和赝电容器存储原理的组合,从而带来更高的比容量。两个电极合理匹配,协同耦合,实现整体工作电位窗口的大幅度拓宽。基于能量密度公式$\left(E = \dfrac{1}{2}CV^2\right)$,混合型电容器的优势在于通过增大工作电压达到提高能量密度的目的。

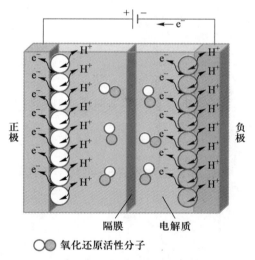

图 20-2 赝电容器示意图

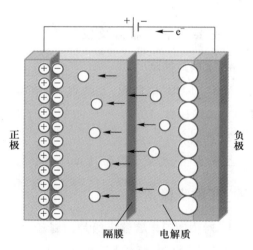

图 20-3 混合型电容器示意图

2. 比容量的计算

评价超级电容器电化学性能的一个重要指标是比容量(也称比电容),它反映了超级电容器容纳电荷的能力,一般由公式计算得到。

电容(也称电容量)是表征电容器容纳电荷本领的物理量,通常将电容器的两极板间的电位差增加 1 V 所需的电荷量叫容器的电容。电容的符号是 C,单位是法拉(F),常用单位还有毫法(mF)和微法(μF)等。由电容(C)、电荷量(Q)和电压(U)之间的关系 $C = Q/U$ 及电荷量与电流(I)之间的关系 $Q = It$ 可得 $C = I(dU/dt)$。由此可见,测定恒定电流下电压随时间的变化(dU/dt)或是在恒定电压与时间的变化率下测定电流随电压的变化,将其代入电容的计算公式中,即可计算电容值。目前,应用于超级电容器中的电化学测试技术有很多种,其中以循环伏安测试技术、恒流充放电测试技术和交流阻抗测试技术最为常用。不同的测试技术需要选取不同的电容值计算方法。下面以恒流充放电测试技术为例介绍比容量的计算方法。

3. 恒流充放电测试技术

恒流充放电测试技术是使处于特定充放电状态下的被测电极或电容器在恒电流条件下充放电,同时考察其电位随时间的变化,研究电极或电容器的性能,从而计算比电容的一种方法。通过恒电流充放电测试,可以得到充放电时间、电压和电量等数据,并可以由这些数据来计算电容器或电极材料的比容量:

$$C_m = \frac{I \cdot \Delta t}{m \cdot \Delta U} \tag{20-1}$$

式中,I 为恒定的电流,单位为 A;

Δt 为放电时间,单位为 s;

ΔU 为对应放电时间下的电位差,单位为 V;

m 为电极活性物质的质量,单位为 g。

本实验采用常见的活性物质 MnO_2 制成正、负极片,组装成扣式超级电容器,并测试其电化学性能。

三、主要试剂、器材及仪器

1. 试剂与器材

MnO_2,KOH,泡沫镍,乙炔黑,黏结剂(PTFE),去离子水等。扣式电池钢壳,隔膜(玻璃纤维),玛瑙研钵。

2. 仪器

分析天平,真空干燥箱,Land 电池测试系统,压片机,扣式电池封装机,电化学工作站。

四、实验步骤

1. 对称超级电容器电极片的制备

(1) 按 80:15:5(质量比)称取活性物质(MnO_2)、导电剂(乙炔黑)和黏结剂(PTFE),加入适量去离子水,在玛瑙研钵中调成浆状。

(2) 将电极浆料均匀涂覆于 $\varphi = 10$ mm 的泡沫镍上(已称量)。

(3) 将涂有电极浆料的泡沫镍在 80℃ 下干燥 1 h,压片,称量,备用。

2. 扣式超级电容器的组装(如图 20-4、图 20-5 所示)

(1) 将制备好的电极片作为电容器的正、负极。

(2) 正、负极之间用隔膜隔离。

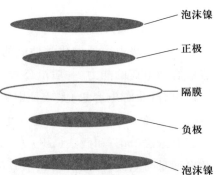

图 20-4　组装扣式超级电容器的示意图

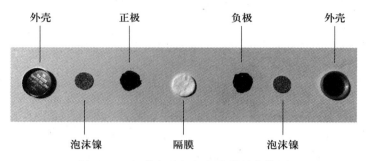

图 20-5 组装扣式超级电容器的实物图

（3）在隔膜两侧各加 1~2 滴 3 mol·L⁻¹ KOH 电解液。

（4）在电极片与电容外壳之间垫一层泡沫镍，使得电极片与电容外壳接触良好。

（5）用扣式电池封装机把扣式电池钢壳封好。

3. 电化学性能测试

（1）把组装好的扣式超级电容器连接到 Land 电池测试系统上。

（2）测试在室温下进行。

（3）采用恒电流充放电的方式，设定充放电流均为 5 mA，充放电截止电压为 0~0.8 V，记录仪器上显示的 Δt 和 ΔU；

（4）根据式（20-1）计算电容器的比容量。

五、实验注意事项

（1）电极浆料配制过程中，按照 MnO_2、乙炔黑、去离子水、PTFE 的顺序逐一加入，同时不断搅拌成均匀的浆状。所有超级电容器装配件和器材要提前准备好。

（2）组装过程中，保证正极片、隔膜、负极片和泡沫镍处于正极壳和负极壳中间，以便封装。封装好后，应立即用万用表检测电池是否组装成功。

（3）电化学检测时，电池不要放置过久，防止电池容量损失，影响电池检测数据的准确性。

六、思考题

（1）简述超级电容器与传统电容器的区别。

（2）影响超级电容器性能的因素有哪些？

（3）如何降低超级电容器的内阻？

参考书目及文献

思考题参考答案

第三章

催化与能源转化过程实验

实验 21 不同金属析氢超电位的测量

一、实验目的

（1）了解电解水制氢的基本原理；

（2）理解极化、超电位等基本概念；

（3）了解三电极体系和极化曲线的测量原理；

（4）掌握析氢极化曲线的测试方法和数据处理方法。

二、实验原理

氢气是一种理想的能源载体，利用可再生能源电解水制氢被认为是未来最具潜力的可持续能源发展方向之一。在电解水装置中，阴极发生还原反应生成氢气，阳极发生氧化反应生成氧气，如图 21-1 所示。

电极反应方程式（以碱性电解液环境为例）：

阴极：　　$2H_2O + 2e^- \longrightarrow H_2\uparrow + 2OH^-$

阳极：　　$2OH^- \longrightarrow \dfrac{1}{2}O_2\uparrow + H_2O + 2e^-$

总反应：　$H_2O \longrightarrow H_2\uparrow + \dfrac{1}{2}O_2\uparrow$

以阴极发生的析氢反应为例，当电极上没有

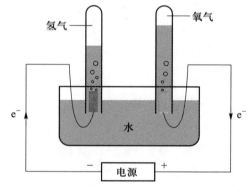

图 21-1　电解水制氢基本原理

电流通过时，反应处于平衡状态，此时对应的电位是电极的可逆电位（$\varphi_{可逆}$）。为了使反应正向进行从而析出氢气，需要给电极施加略微负于 $\varphi_{可逆}$ 的外加电位（$\varphi_{析氢}$）使其偏离平衡态。电极电位偏离平衡态的现象称为电极的极化（polarization），而所施加的这部分额外的电位称为超电位 η，也称为超电势（overpotential）：

$$\varphi_{析氢} = \varphi_{可逆} - \eta \tag{21-1}$$

超电位表明电极反应的发生需要克服电极极化所带来的阻力，这种阻力会随着极化程度即电流（j）的增大而增大。超电位还与电极材料有关，这主要是由于电极反应在不同材料表面的活化能不同。通常将描述电极电位（或超电位）与电流之间关系的曲线称为极化曲线（polarization curve）。在电解水制氢工业中，要采用析氢超电位较小的阴极材料以降低能耗，提升制氢效率。

析氢极化曲线的测量一般采用三电极体系（见图 21-2），包括工作电极（working electrode）、参比电极（reference electrode）和对电极（counter electrode）。其中工作电极是研究对象，发生析氢反应；参比电极起指示电位的作用，通常使用具有已知且电位稳定的电极，如饱和甘汞电极（saturated calomel electrode，SCE），用电压表测量它与工作电极之间的电压（电位差），即可得到工作电极的电位值。对电极与工作电极组成一个电解池回路，通过恒电位仪给电解池施加不同大小的电位,从电流表读出电流值即可得到对应工作电极的电流。商业化的电化学工作站一般都集成了恒电位仪及电压和电流测量等各种功能,只需要将电极线与对应的电极连接好,在软件上设置好参数,仪器就能自动运行并记录工作电极上电位与电流的数据。

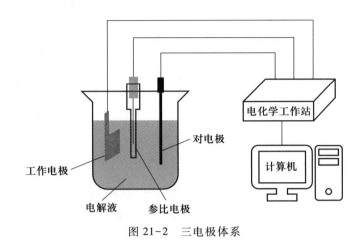

图 21-2　三电极体系

三、主要试剂、器材及仪器

1. 试剂与器材

铁、镍、铜金属片(纯度 99.9%,厚度 0.1 mm),1 mol·L^{-1} NaOH 溶液。砂纸,饱和甘汞电极,石墨棒电极,100 mL 容量瓶,50 mL 烧杯。

2. 仪器

分析天平,电化学工作站。

四、实验步骤

1. 三电极测试装置搭建

用砂纸将金属片的表面打磨光亮后,用去离子水冲洗干净,裁剪为 0.5 cm×3 cm 的工作电极(浸入电解液中的面积控制为 0.25 cm^2),饱和甘汞电极作为参比电极,石墨棒电极作为对电极,电解液使用 1 mol·L^{-1} NaOH 溶液。按图 21-2 将组装好的电解池与电化学工作站连接好。以 CHI660E 电化学工作站为例,绿色的、白色的和红色的电极线分别与工作电极、参比电极和对电极连接。

2. 析氢极化曲线测试

开启电化学工作站的电源,打开计算机上对应的控制软件,选择"线性扫描伏安(linear sweep voltammetry)"功能,设置起始电位值(Init E)为 -0.1 V,终止电位值(Final E)为 -1.8 V,扫描速率(Scan Rate)为 0.005 V·s^{-1},灵敏度(Sensitivity)为 10^{-1} A·V^{-1},其他参数保持默认值(见图 21-3)。点击运行按钮,仪器自动记录电位(potential)和电流(current)数据。按相同的方法分别测试铁、镍、铜金属片电极的极化曲线,每支电极测试 5 次,取后 3 次测量的平均值作为比较的依据。

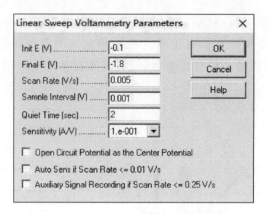

图 21-3　析氢极化曲线的参数设置

3. 数据保存

实验完毕后,从电化学工作站中导出 TXT 格式数据并保存。关闭电化学工作站和计算机,小心取下各电极,将参比电极和电解池用去离子水冲洗干净后妥善保存。

五、实验数据处理

（1）以电位（$\varphi_{测}$）为横坐标,电流密度（j）为纵坐标,用 Origin 软件作出不同金属的析氢极化曲线。

（2）根据能斯特方程,计算 1 mol·L^{-1} NaOH 溶液中的可逆析氢电位 $\varphi_{可逆}$,查得实验温度下饱和甘汞电极的标准电极电位 φ_{SCE}（25℃时为 0.241 V）,结合极化曲线求得不同电极材料达到 10 mA 的电流大小时的析氢超电位（η_{HER}）:

$$\varphi_{可逆} = \varphi^{\ominus} - \frac{RT}{F}\ln\frac{1}{a_{H^+}} = -0.059 \times pH \tag{21-2}$$

$$\eta_{HER} = \varphi_{可逆} - (\varphi_{测} + \varphi_{SCE}) \tag{21-3}$$

六、实验注意事项

（1）金属片放置时间太久后其表面会形成一层氧化物膜,在测试前需要用砂纸仔细打磨,暴露出金属表面。

（2）析氢电流的大小与工作电极的反应面积相关,为了排除这一影响,浸入电解液中的金属片的面积尽量保证一致（0.25 cm^2）。

（3）饱和甘汞电极内盐桥溶液是饱和氯化钾溶液,使用时注意其中不可含有较大气泡,以免阻断电子测量回路;若含有气泡,可握紧电极轻甩几下,或竖起电极用手指轻弹,使气泡上浮。

七、思考题

（1）电极极化产生的原因有哪些? 如何降低极化作用的影响?

（2）常用的参比电极有哪些? 它们的标准电极电位分别是多少?

（3）对电极上可能发生什么反应？

参考书目及文献

思考题参考答案

实验 22 球磨法剥离二硫化钼用于电催化产氢

一、实验目的

（1）了解二硫化钼的结构及性能；

（2）了解球磨法的基本原理，并熟悉球磨机的使用方法；

（3）掌握电催化产氢的机理以及电催化剂的制备方法；

（4）了解线性扫描伏安法的基本原理，并掌握数据的处理方法。

二、实验原理

1. 二硫化钼的结构及性能

过渡金属硫化物催化剂中最常用的为二维层状结构的二硫化钼（$2D-MoS_2$），其具有类似石墨烯的层状结构，Mo 原子由六个八面体或三棱柱形状的 S 原子配位，各单元彼此交联形成分层结构，并且在范德华力的作用下将各层堆叠在一起。MoS_2 在自然界中以 $2H-MoS_2$，$3R-MoS_2$ 和 $1T-MoS_2$ 三种晶相存在（见图 22-1），相比而言，三棱柱配位的 2H 相以 ABAB 形式堆叠，具有最稳定的结构，而另外两种为亚稳态。MoS_2 中原子的不同排列会导致不同的电子结构，从而影响电催化性能。

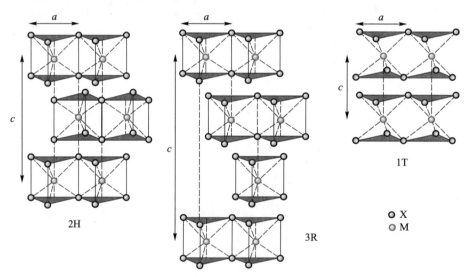

图 22-1 MoS_2 的三种晶体结构

2. 球磨法的基本原理

球磨法剥离二维纳米片的基本原理包括两个方面：一是横向的剪切力对块体二维材料的剥离，高速旋转的球磨球通过剪切力使二维材料层与层之间产生相对运动；二是法向的高能碰撞对二维材料的破碎，球磨球的惯性碰撞会将大片层破碎成小片层。根据媒介的不同，球磨法主要分为两大类，分别是湿球磨法和干球磨法。

　　湿球磨法是将块体材料分散在合适的溶剂中,合适的溶剂需要与材料具有相近的表面能,以此来克服相邻层之间的范德华力,常用的溶剂是 N-甲基吡咯烷酮(NMP)和 N,N-二甲基甲酰胺(DMF)等。

　　干球磨法一般是将块体层状材料与水溶性的无机盐混合进行球磨,接着通过水洗球磨后的产物来获得剥离之后的材料。

　　球磨机主要由滚动轴承作支撑,通过传机械将其筒体旋转,物料从给矿处给入,在筒体内与钢球一同完成抛落、冲击、撞击和自磨作业,实现物料磨碎。因不断给入物料,其压力会促使筒体内的物料由给料端逐渐排向出料端,当矿浆高出排矿端中空轴的下边缘时,物料会自流溢出,而在排矿端处钢球和粗物料会由反螺旋叶片返回至磨机内,机械碎磨,见图 22-2。

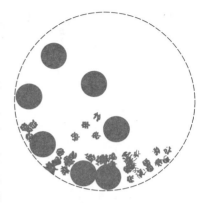

图 22-2　球磨机工作原理示意图

3. 电催化产氢机理

　　电催化产氢本质上是一种在电极/电解质界面处发生的多步电化学反应过程,在酸性和碱性介质中,电化学产氢的过程涉及不同的机理。图 22-3 阐述了不同 pH 条件下电催化产氢的机理,其反应过程主要通过还原质子(H^+)或 H_2O 生成 H_2。

　　从图 22-3(a)可以看出,在酸性介质中,电催化产氢的第一步为 Volmer 反应[图 22-3(a)中 1 所示],在该过程中电子转移到电极材料表面并与 H 质子结合,产生吸附在电极上的氢原子(Hads 或 H^*);第二步为氢气的产生过程,第一步反应中形成的 Hads 可以通过两种不同的反应方式产生 H_2,即 Tafel 反应[图 22-3(a)中 2 所示]和 Heyrovský 反应[图 22-3(a)中 3 所示]。Tafel 反应为两个 Hads 在电极表面结合释放 H_2。Heyrovský 反应则涉及将新的电子与溶液中的 H 质子结合,并与 Hads 结合形成 H_2。综上,在酸性介质中,电催化产氢通常以 Volmer-Tafel 反应和 Volmer-Heyrovský 反应进行。

Volmer 反应：
$$H^+ + e^- \longrightarrow Hads$$

Tafel 反应：
$$Hads + Hads \longrightarrow H_2$$

Heyrovský 反应：
$$Hads + H^+ + e^- \longrightarrow H_2(g)$$

　　图 22-3(b)给出了碱性介质中电催化产氢的机理。在碱性介质中由水分子来提供 H^+,因而电催化产氢在碱性介质中的析氢效率较酸性介质中的低 2~3 个数量级。在碱性介质中 Volmer 反应[图 22-3(b)中 4 所示]是通过还原吸附催化剂表面的水分子而发生的,产生 Hads 和氢氧根离子;碱性介质中的 Tafel 反应和酸性介质中的 Tafel 反应一致,两个 Hads 结合生成 H_2[图 22-3(b)中 5 所示];在 Heyrovský 反应[图 22-3(b)中 6 所示]中,Hads 与另一个水分子和一个电子结合形成 H_2 和一个氢氧根离子。在碱性介质中,电催化产氢通常以 Volmer-Tafel 反应和 Volmer-Heyrovský 反应进行。

Volmer 反应：
$$H_2O(l) + e^- \longrightarrow OH^-(aq) + Hads$$

Tafel 反应：
$$Hads + Hads \longrightarrow H_2(g)$$

Heyrovský 反应：
$$Hads + H_2O(l) + e^- \longrightarrow H_2(g) + OH^-$$

84

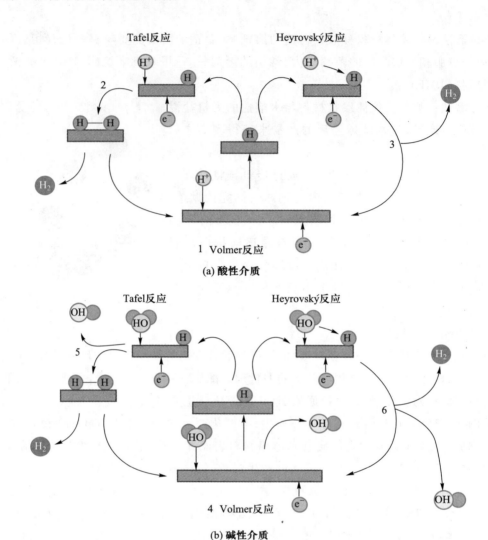

图 22-3　不同 pH 条件下电催化产氢的机理

4. 线性扫描伏安法的基本原理

伏安法以小面积的工作电极与参比电极组成电解池,电解被分析物质的稀溶液,根据所得到的电流-电位曲线来进行分析。随着技术的发展,目前伏安法多采用由工作电极、对电极和参比电极组成的三电极体系进行测试。其中,作为一种应用最广泛的伏安分析技术,线性扫描伏安法(LSV)通过在工作电极上施加一个线性变化的电压,实现物质的定性定量分析或机理研究等目的。与光谱、核磁共振波谱及质谱等采用波长、频率或质荷比进行扫描检测的测试方法类似,线性扫描伏安法实质上是一种电化学扫描分析方法,它采用工作电极作为探头,以线性变化的电位信号作为扫描信号、以采集到的电流信号作为反馈信号,通过扫描探测的方式实现物质的定性和定量分析。

利用阳极溶出伏安法分析含有多种金属离子的待测物质时,首先采用阴极恒电位电解的方法将稀溶液中的金属离子转化为单质富集到电极表面;之后将电极电位从负电位往正电位方向线性扫描。在电极电位正向扫描过程中,富集到电极表面的不同金属单质具有不同的氧化溶出电位,根据峰电位和峰电流大小可对不同离子进行定性分析和定量检测,其示意图如图 22-4 所示。

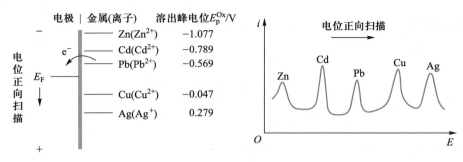

图 22-4　电位扫描及相应伏安曲线示意图

三、主要试剂、器材及仪器

1. 试剂与器材

二硫化钼粉末(99.9%),铜粉,硝酸,乙醇,去离子水,Nafion 溶液(质量分数为 5%),氧化铝抛光粉,1 mol·L⁻¹ KOH 溶液。100 mL 烧杯,玻璃棒,球磨管,研钵,药匙,镊子,玻碳电极,铂丝电极,Hg/HgCl₂(饱和 KCl 溶液)电极。

2. 仪器

球磨机,离心机,超声波水浴仪,分析天平,CHI660E 电化学工作站。

四、实验步骤

1. 球磨法剥离 MoS_2

(1)称取 0.1 g MoS_2 粉末和 1 g 铜粉,加入盛有 40 mL 乙醇的烧杯中,充分搅拌使其溶解,再转移到干燥的球磨罐中,充满 Ar 排除空气后置于球磨机上,设置球磨机运行总时长为 24 h,球磨转速为 700 r·min⁻¹,正反转间隔时间为 60 s。待球磨结束后,取出球磨罐。

(2)将步骤(1)得到的 40 mL 分散液进行离心,转速和时间分别设置为 3000 r·min⁻¹ 和 30 min。将收集到的沉淀用硝酸、去离子水和乙醇反复洗涤 8 次,去除残留的 Cu 和其他中间体。纯化后的沉淀物在 70℃ 的烘箱中干燥过夜并研磨用于进一步实验。

2. 工作电极的制备

取 5 mg 步骤 1 中得到的沉淀物,分散在质量分数为 5% 的 Nafion 溶液(水−乙醇,V/V=3∶1)中,室温超声 30 min 以形成均质油墨。然后用氧化铝浆抛光玻碳电极并用乙醇和去离子水清洗,自然风干后,移取 10 μL 均质油墨均匀地滴在已打磨光滑的玻碳电极表面,自然风干,即为工作电极。

3. 电化学测试

所有电化学测试在配备常规三电极体系的 CHI660E 电化学工作站上进行。以铂丝为对电极,Hg/HgCl₂(饱和 KCl 溶液)电极为参比电极,制备的 MoS_2 催化剂为工作电极组装三电极体系(1 mol·L⁻¹ KOH 溶液),将三电极体系与电化学工作站成功连接后,打开电化学工作站开关，调出 LSV，以 2 mV · s^{-1}的扫描速率收集 LSV 曲线（电位范围：-0.4～0.1 V）。测试结束后，清洗电极，关闭仪器及计算机。

五、实验数据处理

以表 22-1 所示数据为例，将收集到的数据导入 Origin 软件中进行处理及绘图。

表 22-1　收集到的电化学实验数据

电位/V	电流/A
-0.800	-0.800
-0.801	-0.801
-0.802	-0.802
-0.803	-0.803
……	……

电位参考可逆氢电极（RHE），其公式如下：E(vs. RHE) = E(SCE) + 0.059 V pH + 0.242 V。所有电化学数据均经过 iR 校正。

（1）作出 LSV 曲线图。

收集到的 LSV 数据用下面公式进行校正：

对 X 列数据：　$X + 1.068 - Y \times \mathrm{EIS}$

对 Y 列数据：　$Y \times 1000/S$　（S 为活性面积）

处理后结果如图 22-5 所示。

Book1 *

	A(X)	B(Y)
长名称		
单位	E (vs.RHE) /V	j / (mA · cm⁻²)
注释		
F(x)=	A+1.068-B*3.0	B*1000/0.25
1	0.23161	48.52
2	0.23133	47.56
3	0.23117	46.44
4	0.23095	45.4
5	0.2307	44.4
6	0.23042	43.44
7	0.23014	42.48
8	0.22983	41.56
9	0.22952	40.64
10	0.22918	39.764
11	0.22883	38.896
12	0.22847	38.044
13	0.22808	37.224
14	0.22769	36.412
15	0.2273	35.596
16	0.22689	34.812
17	0.22647	34.04
18	0.22605	33.272
19	0.2256	32.528
20	0.22517	31.776
21	0.22472	31.04
22	0.22425	30.328

Sheet1

图 22-5　校正后的 LSV 数据

以电位为横坐标、电流密度为纵坐标作出 LSV 曲线图。绘制点线图如图 22-6 所示。

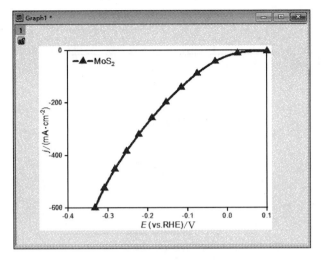

图 22-6　LSV 曲线图

由图 22-6 可知,在 $100\ \mathrm{mA\cdot cm^{-2}}$ 的电流密度下,该催化剂的过电位 η 为 85 mV,表现出优异的催化活性。

（2）作出 Tafel 斜率曲线图。

将图 22-5 中处理后的数据进行 XY 列互换,得到新的 $X'Y'$ 列数据再进行如下处理,结果如图 22-7 所示。

$$X' = \lg(-Y)$$
$$Y' = -X$$

	A(X)	B(Y)
长名称		
单位		
注释		
F(x)=	lg(A)	B*-1
1	-0.8535	-0.16811
2	-0.54194	-0.16722
3	-0.35773	-0.16633
4	-0.2321	-0.16544
5	-0.13525	-0.16455
6	-0.06108	-0.16365
7	-6.95428E-4	-0.16275
8	0.052	-0.16185
9	0.09913	-0.16094
10	0.14	-0.16004
11	0.17667	-0.15913
12	0.21059	-0.15822
13	0.24105	-0.15731
14	0.27017	-0.1564
15	0.2927	-0.15547
16	0.31563	-0.15455
17	0.33574	-0.15362
18	0.35311	-0.15269
19	0.37136	-0.15176
20	0.38668	-0.15083
21	0.40264	-0.1499
22	0.41717	-0.14896

图 22-7　处理后的数据（X,Y 为 LSV 数据重新变换整理后得到的横、纵坐标,即为 X' 和 Y'）

对处理后的数据进行绘图,取一段进行线性拟合,得到的 Tafel 曲线图(见图 22-8)。

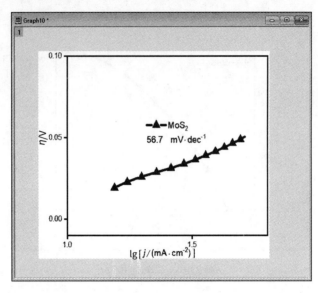

图 22-8 Tafel 曲线图

由图 22-8 可知,该催化剂的 Tafel 斜率为 56.7 mV · dec^{-1},表明了其具有优异的反应动力学。

六、实验注意事项

(1)在进行电化学测试时,要先对工作电极进行活化,确保得到的实验数据准确,测试前,可先向溶液中通入一定量的 N_2,排除溶液中溶解氧的干扰。

(2)电化学工作站开机前不要连接测试样品,待开机进入软件并设置电极连接方式后,连接测试样品。开机时先开计算机再开启电化学工作站主机电源,不可反复开关。

(3)使用硝酸时,要注意通风、轻拿轻放,避免溅射到皮肤表面。

七、思考题

(1)除了机械球磨法剥离制备 MoS_2,还有没有其他方法制备 MoS_2?

(2)在电化学实验中,电位扫描速率的快慢对实验结果有何影响?

(3)电化学评估电催化产氢性能的参数有哪些?

(4)通过哪些方法可以优化 MoS_2 的电催化产氢性能?

参考书目及文献

思考题参考答案

实验 23　多孔碳纤维负载 Pd 纳米颗粒催化剂的合成及其氧还原性能研究

一、实验目的

（1）了解氧气还原反应的原理；

（2）了解 Pd 纳米颗粒的催化机理；

（3）掌握多孔碳纤维负载 Pd 纳米颗粒催化剂的制备方法；

（4）了解电化学工作站的基本工作原理及三电极体系，并熟悉其使用方法；

（5）了解线性扫描伏安法的基本原理，并掌握数据的处理方法及分析。

二、实验原理

氧气还原反应（oxygen reduction reaction，ORR）作为氢燃料电池与金属-空气电池的阴极发生的反应，其反应过程较复杂，会生成多种中间态含氧物种，如 O_2^-、OH^-、HO_2^- 及 H_2O_2 等。且在碱性电解质、酸性电解质或非水的质子惰性电解质中，ORR 过程有很大的区别。根据反应产物，ORR 的途径有"高效率的四电子途径"或"较低效率的二电子途径"两种。

以在碱性电解质中为例，电解质中溶解的 O_2 分子吸附到电催化剂表面，形成吸附态氧（O_2^*）（*代表催化剂表面的活性位点）。一种途径是较低效率的二电子途径：O_2^* 从催化剂表面得到两个电子还原为 HO_2^-，HO_2^- 再次获得两个电子变成 OH^-，生成中间态的反应会导致 ORR 速率缓慢，反应式为 $O_2+H_2O+2e^- \Longrightarrow HO_2^-+OH^-$，$HO_2^-+H_2O+2e^- \Longrightarrow 3OH^-$；另一种途径则是高效率的四电子途径：$O_2^*$ 直接从催化剂表面得到四个电子，充分还原生成 OH^-，ORR 速率较快，反应式为 $O_2+2H_2O+4e^- \Longrightarrow 4OH^-$。

从能量转换角度来考虑 ORR，"四电子途径"更高效，但更重要的是需要高活性高耐久性的电催化剂与之相匹配。目前，商业化的 Pt/C 能够有效地提高 ORR 速率，展现出优异的催化性能，但其高昂的成本极大地限制了燃料电池的发展与应用。因此，开发新型非铂催化剂或降低铂族贵金属的用量是一种解决燃料电池成本问题的有效方法。

金属有机框架（metal-organic frameworks，MOFs）材料是一种由无机金属离子和有机配体配位连接组合的多孔性材料，在 MOFs 材料衍生的碳材料中负载金属颗粒得到的复合材料展现出优异的催化性能，金属钯具有与铂相似的催化性能，且其在地壳中含量更高，制备多孔碳纤维负载 Pd 纳米颗粒催化剂具有更高的应用潜能。具有高比表面积的多孔碳纤维的缺点是电催化氧还原性能欠佳，通过湿化学法在其表面负载 Pd 纳米颗粒得到的复合材料（CNFs@Pd）表现出优异的催化性能，其制备与催化过程见图 23-1。

其催化机理为：电催化氧气还原反应属于多电子转移反应，涉及化学键的断裂与重排，反应分步越多，则整体反应进程越慢。通过静电纺丝将 UIO-66 纳米颗粒原位填充到聚丙烯腈纤维，可控热解得到的多孔碳纳米纤维具有高比表面积，有利于 Pd 纳米活性颗粒的负载，同时使得催化剂与碱性电解液之间的氧气中间体吸附及脱附更加迅速，四电子途径占

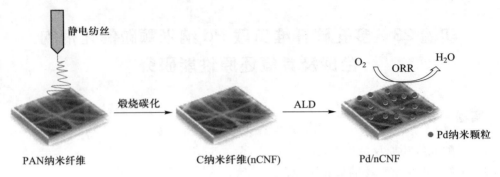

图 23-1 CNFs@ Pd 的制备及催化氧气还原示意图

据主导地位。大的孔隙率及分散稳定的 Pd 活性中心为高电荷传输速率及优异的耐甲醇性创造优良条件。

三、主要试剂、器材及仪器

1. 试剂与器材

去离子水,四氯化锆($ZrCl_4$,98.0%),N,N-二甲基甲酰胺(DMF,C_3H_7NO,≥99.9%),2-氨基对苯二甲酸($C_8H_7NO_4$,>98.0%),聚丙烯腈$[(C_3H_3N)_n, M_w=150000]$,氯钯酸钾($K_2PdCl_6$,>99.0%),冰醋酸($C_2H_4O_2$),硼氢化钠($NaBH_4$),氢氧化钠($NaOH$),氢氧化钾($KOH$),Nafion 溶液(质量分数为 5%),乙醇,异丙醇。移液枪,玻碳电极,铂网电极,Hg/HgO($1\ mol \cdot L^{-1}$ KOH 溶液)电极,100 mL 试剂瓶,50 mL 茄形瓶,5 mL Schering 瓶,磁子。

2. 仪器

分析天平,磁力搅拌器,离心机,超声波清洗器,静电纺丝机,真空烘箱,管式炉,场发射扫描电子显微镜(FESEM,型号是 Gemini SEM 300),透射电子显微镜(Tecnai G2 F20),X 射线衍射仪(Philips X′pert PRO),CHI760C 电化学工作站。

四、实验步骤

1. UIO-66 金属有机框架的制备

将四氯化锆(0.0582 g,0.25 mmol)和冰醋酸(2.5 mL)加在反应瓶中,放入烘箱中 1 h,并保持 80℃,反应完成后取出冷却至室温。在上述样品中先加入 DMF(30 mL),再加入 2-氨基对苯二甲酸(0.0422 g,0.25 mmol),所得溶液超声 10 min,使其完全溶解。样品放入烘箱中加热至 120℃,并保持 24 h。取出待冷却至室温后,将溶液以 8000 $r \cdot min^{-1}$ 的速率离心,产物用去离子水和乙醇分别洗涤数次。离心,得到的固体产物放入真空干燥箱中,在 70℃下真空干燥 10 h。最后将固体产物研磨成粉末,得到产物 UIO-66 金属有机框架。

2. CNFs 的制备

将 UIO-66(100 mg)溶解在 DMF(3 mL)中,超声 30 min 后,加入聚丙烯腈(200 mg),同时放入磁子,在室温下剧烈搅拌 24 h。将得到的黄色黏稠溶液装入 10 mL 塑料注射器中。静电纺丝工艺参数控制为:正压为 14.08 kV,负压为 -0.63 kV,液体流速为 1 $mL \cdot h^{-1}$,收集滚筒的转速为 30 $r \cdot min^{-1}$。将制成的纤维膜在真空干燥箱中 70℃下干燥 10 h,去除多余的

DMF。将干燥好的纤维膜放在管式炉中,通入空气,以 2℃·min⁻¹ 的加热速率升温到 230℃,在此温度下保温 2 h 后自然冷却至室温。再通入氮气,以 5℃·min⁻¹ 的加热速率升温 到 700℃,在此温度下保温 2 h 后自然冷却至室温。将获得的产物研磨,并标记为 CNFs。

3. CNFs@ Pd 的制备

将 CNFs(2.7 mg)超声 20 min 分散在 6.75 mL 水中,加入氯钯酸钾(1.62 mL),通过化 学还原法,用氢氧化钠调节 pH 至 8。剧烈搅拌 3 h 后加入硼氢化钠(5.4 mg,2.7 mL)还原 12 h,最后将反应物离心、烘干得到产物。改变催化剂中 UIO-66 的含量,100 mg 的 UIO-66 记作 CNFs@ Pd-1,200 mg 的 UIO-66 记作 CNFs@ Pd-2。

4. 工作电极的制备

将步骤 3 中制备好的催化剂(4 mg)加入含有 5%(质量分数)Nafion 溶液(40 μL)、去离 子水(0.75 mL)和异丙醇(0.25 mL)的 Schering 瓶(5 mL)中,然后对分散液进行超声处 理,至少 30 min 以形成均匀的催化剂墨水。用中性氧化铝浆抛光玻碳电极,并用乙醇和去离 子水各清洗 3 次,自然风干后,用移液枪将催化剂墨水(10 μL)滴涂到玻碳电极(直径 5 mm) 上,在 30℃下连续干燥 12 h,得到表面修饰了具有较高导电性的 CNFs@ Pd 催化剂的玻碳电 极,并以此为工作电极。以同样的方式将所有样品的催化剂负载量控制在 0.2 mg·cm⁻²。 同时,制备具有相同负载量的 JM Pt/C(质量分数为 40%)基准催化剂,作为对比工作电极。

5. 电化学测试

电化学测试在配备常规三电极电池的 CHI760C 电化学工作站上进行,以铂网为对电 极,Hg/HgO(1 mol·L⁻¹ KOH 溶液)电极为参比电极,与制备的工作电极组装成三电极体 系,ORR 活性通过旋转盘电极(RDE)技术测量。测试条件为室温,测试前液面下通入氧气 30 min,测试过程中液面上通氧气维持氧气饱和氛围。根据 $E(\text{vs. RHE}) = E(\text{vs. Hg/HgO}) + 0.0591\ V\ pH + 0.098\ V$,将所有电位校准到可逆氢电极(RHE)标度。

打开电化学工作站开关,调出循环伏安法测试界面设置参数,初始电位设定为 0.235 V,终止电位设定为 −0.765 V,扫描速率分别为 20 mV·s⁻¹、50 mV·s⁻¹,系统设置采 样频率为 100 Hz,电位间隔为 0.5 mV,循环次数为 5~10 圈,对电极进行活化;添加线性扫描 伏安法测试项目,电压区间采样频率同上,扫描速率为 10 mV·s⁻¹,电位间隔为 1 mV,旋转 圆盘电极转速为 225 r·min⁻¹、400 r·min⁻¹、625 r·min⁻¹、900 r·min⁻¹、1225 r·min⁻¹、 1600 r·min⁻¹、2025 r·min⁻¹;添加计时电流法测试项目,设定电位为 −0.4 V,测试时长 10000 s,旋转圆盘电极转速为 1200 r·min⁻¹,测试催化剂稳定性;在计时电流法中设定电位 及转速同上,测试时长 200 s,于中段加入 1 mL 甲醇,测定催化剂耐甲醇能力。将三电极体 系与电化学工作站成功连接后开始逐一测试。

在含有 K₃[Fe(CN)₆](1 mmol·L⁻¹)和 KNO₃(0.5 mol·L⁻¹)的电解液中,使用循环伏 安法(CV)测试以 50 mV·s⁻¹ 的扫描速率验证玻碳电极的活性,直到[Fe(CN)₆]³⁻/ [Fe(CN)₆]⁴⁻氧化还原对的氧化和还原峰之间的电位差小于 70 mV。在每次测试之前,O₂ 和/或 N₂ 在 0.1 mol·L⁻¹ KOH 溶液和/或 0.5 mol·L⁻¹ H₂SO₄ 溶液中通风至少 30 min,以保 证电解质饱和。对于 ORR,CV 测试在 0.1~1.2 V(相对于 RHE)的电位窗口内以 20 mV·s⁻¹ 的扫描速率进行。动力学测试采用线性扫描伏安法(LSV)技术记录,转速范围为 225~

2025 r·min^{-1},扫描速率为 10 mV·s^{-1},电位窗口为 0.1~1.1 V(相对于 RHE)。Tafel 斜率由 Tafel 方程计算:

$$\eta = a + b \lg j \tag{23-1}$$

式中,η 为过电位;

j 为测试电流密度;

b 为 Tafel 斜率。

对于 RDE 方法,动力学极限电流密度和电子转移数可根据 Koutecky-Levich(K-L)方程计算。

$$1/j = 1/j_K + 1/j_L = 1/j_K + 1/(B\omega^{1/2}) \tag{23-2}$$

$$B = 0.62nFC_0(D_0)^{2/3}\eta^{-1/6} \tag{23-3}$$

式中,j 是测量的电流密度;

j_K 是动力学电流密度;

j_L 是扩散限制电流密度;

ω 是电极旋转速率;

B 是 K-L 方程斜率的倒数;

F 是法拉第常数(96485 C·mol^{-1});

C_0 为 O$_2$ 的浓度(1.2×10^{-6} mol·cm^{-3});

D_0 代表 O$_2$ 在电解液中的扩散系数(1.9×10^{-5} cm^2·s^{-1});

η 为动力学黏度(0.01 cm^2·s^{-1})。

五、实验数据处理

(1)用 Origin 软件处理导出 CNFs、CNFs@Pd-1、CNFs@Pd-2、Pt/C 作工作电极时同一扫描速率下的循环伏安曲线数据,叠加画图,标注峰电流密度和峰电位位置,进行分析。

(2)用 Origin 软件处理导出 CNFs、CNFs@Pd-1、CNFs@Pd-2、Pt/C 作工作电极在旋转圆盘电极转速为 1600 r·min^{-1}时的线性扫描伏安曲线数据,叠加画图,进行分析。根据上述公式调整横纵坐标轴,作不同样品相对应的 Tafel 曲线。

(3)用 Origin 软件处理导出 CNFs@Pd-1 修饰的工作电极在不同转速下的线性扫描伏安曲线数据,叠加画图,进行分析。根据 Koutecky-Levich 方程拟合曲线,作 K-L 图像。

(4)用 Origin 软件处理计时电流曲线,分析催化剂的稳定性和抗中毒性能。

(5)用 Origin 软件处理 CNFs、CNFs@Pd-1、CNFs@Pd-2 的 XRD 数据,叠加画图,标出 Pd 特征衍射峰对应的晶面及特征衍射峰位置,计算其粒径,与标准图谱进行对比分析。

(6)对 SEM 图、TEM 图进行形貌结构分析,处理高分辨 TEM 晶面图像,并与 XRD 结果结合分析。

(7)对催化剂的 EDS 谱图进行元素组成分析。

(8)结合 XRD、SEM、TEM、EDS 谱图和电化学工作站测定结果对 CNFs@Pd 催化剂的氧化还原电催化性能进行机理分析。

六、思考题

（1）制备多孔碳纤维负载 Pd 纳米颗粒的实验方法是什么？

（2）与商业化的 Pt/C 催化剂相比，CNFs@Pd 复合催化剂的优点是什么？

（3）如何评价催化剂性能好坏？

（4）如何提高碳纤维复合催化剂的导电性从而提高催化剂的催化性能？

参考书目及文献

思考题参考答案

实验 24　铁金属片的表面改性与析氧极化曲线测试

一、实验目的

（1）了解催化剂设计和优化的概念；

（2）复习和巩固三电极体系的测量原理和方法；

（3）掌握析氧极化曲线的测试方法和数据处理方法。

二、实验原理

析氧反应（oxygen evolution reaction，OER）是电解水制氢技术中的阳极半反应，其反应方程式为

$$2H_2O \longrightarrow O_2\uparrow + 4H^+ + 4e^- \qquad （酸性电解液）$$

$$4OH^- \longrightarrow O_2\uparrow + 2H_2O + 4e^- \qquad （碱性电解液）$$

反应涉及 4 个电子的转移，动力学过程缓慢，一般电极材料的析氧超电位通常较高。开发高性能、低成本的析氧电极材料（催化剂）对于提升电解水制氢装置的整体效率具有重要意义。

与单组分材料相比，多组分材料由于不同组分之间的协同效应通常展现出更优异的催化活性。本实验中使用铁（Fe）金属片作为阳极材料，利用简单的化学置换反应，对其表面进行掺镍（Ni）修饰（图 24-1）。通过测试阳极极化曲线，比较 Ni 修饰前后 Fe 金属片的析氧活性的优劣。

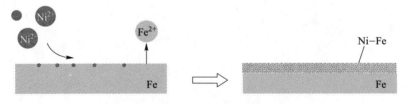

$$Fe(s) + Ni^{2+}(aq) \longrightarrow Fe^{2+}(aq) + Ni(s)$$

图 24-1　利用化学置换反应在 Fe 金属片表面修饰 Ni

三、主要试剂、器材及仪器

1. 试剂与器材

铁、镍金属片（纯度 99.9%，厚度 0.1 mm），5 mmol·L^{-1} NiSO$_4$ 溶液，1 mol·L^{-1} NaOH 溶液。饱和甘汞电极，石墨棒电极，砂纸，100 mL 容量瓶，50 mL 烧杯。

2. 仪器

分析天平，电化学工作站。

四、实验步骤

1. Fe 金属片的表面改性

用砂纸将 Fe 金属片的表面打磨光亮,然后用去离子水冲洗干净,裁剪为 1 cm × 3 cm 的大小。将清理干净的 Fe 金属片浸没在 5 mmol·L^{-1} NiSO$_4$ 溶液中,室温下放置 1 h。取出后用去离子水冲洗,晾干备用。

2. 三电极测试装置的搭建

以改性后的 Fe 金属片作为工作电极(浸入电解液中的面积控制为 1 cm^2),饱和甘汞电极作为参比电极,石墨棒电极作为对电极,电解液使用 1 mol·L^{-1} NaOH 溶液。组装好三电极电解池并与电化学工作站连接好。

3. 析氧极化曲线测试

开启电化学工作站的电源,打开计算机上对应的控制软件,选择"线性扫描伏安(Linear Sweep Voltammetry)"功能,设置起始电位值(Init E)为 0.05 V,终止电位值(Final E)为 0.75 V,扫描速率(Scan Rate)为 0.005 V·s^{-1},灵敏度(Sensitivity)设置为 10^{-1} A·V^{-1},其他参数保持默认值(图 24-2)。点击运行按钮,仪器自动记录电位(potential)和电流(current)数据。用同样的方法,测试未修饰的 Fe 金属片及 Ni 金属片的析氧极化曲线作为对比。每支电极测试 5 次,取后 3 次测量的平均值作为比较的依据。

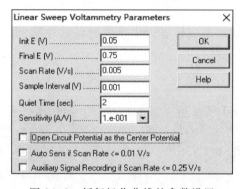

图 24-2　析氧极化曲线的参数设置

4. 数据保存

实验完毕后,从电化学工作站中导出 TXT 格式的数据并保存。关闭电化学工作站和计算机,小心取下各电极,将参比电极和电解池用去离子水冲洗干净后妥善保存。

五、实验数据处理

(1)以电位($\varphi_{测}$)为横坐标,电流密度(j)为纵坐标,用 Origin 软件分别作出 Fe 金属片、Ni 修饰的 Fe 金属片和 Ni 金属片的析氧极化曲线。

(2)根据能斯特方程,计算 1 mol·L^{-1} NaOH 溶液中的可逆析氧电位 $\varphi_{可逆}$,查得实验温度下饱和甘汞电极的标准电极电位 φ_{SCE}(25℃时为 0.241 V),结合极化曲线求得不同电极达到 10 mA 的电流大小时的析氧超电位(η_{OER}):

$$\varphi_{可逆} = \varphi^{\ominus} - \frac{RT}{F}\ln\frac{1}{a_{H^+}} = 1.23\ V - 0.059\ V\ pH \tag{24-1}$$

$$\eta_{OER} = \varphi_{可逆} - (\varphi_{测} + \varphi_{SCE}) \tag{24-2}$$

（3）以电流密度的对数（$\lg j$）为横坐标，析氧超电位（η_{OER}）为纵坐标，用 Origin 软件分别作出 Fe 金属片、Ni 修饰的 Fe 金属片和 Ni 金属片的析氧 Tafel 曲线，比较不同电极 Tafel 斜率（b）的大小。

$$\eta_{OER} = a + b\lg j \tag{24-3}$$

六、实验注意事项

（1）金属片放置时间太久后其表面会形成一层氧化物膜，在实验前需要用砂纸仔细打磨，暴露出金属表面，以免影响化学置换过程。

（2）NaOH 溶液具有一定的腐蚀性，若不慎溅到皮肤上，应立刻用大量的水冲洗。

七、思考题

（1）改变 $NiSO_4$ 溶液的浓度及浸泡时间是否会对 Fe 金属片的析氧性能有影响？为什么？

（2）如果将 Ni^{2+} 换成其他金属（如 Co^{2+}、Cu^{2+}），会对 Fe 金属片的析氧性能产生什么影响？

（3）仔细观察金属片经过多次析氧极化曲线测试后性状（颜色）的变化，查阅资料并思考电极自身可能发生的化学反应。

参考书目及文献

思考题参考答案

实验 25　镍铁水滑石纳米片阵列电极的制备及其电催化分解水性能研究

一、实验目的

（1）了解水电解反应的基本原理；

（2）了解镍铁水滑石纳米片阵列的基本结构及其制备方法；

（3）掌握使用电化学工作站进行电化学测试的基本操作方法。

二、实验原理

电催化是使电极、电解质界面上的电荷转移加速反应的一种催化作用。电极催化剂的范围仅限于金属和半导体等的电性材料。

电催化分解水的反应，可以分解为两部分，阳极的析氧反应（OER）和阴极的析氢反应（HER），在酸性、碱性或中性电解液中，反应方程式如下：

总反应：$\qquad 2H_2O \longrightarrow O_2\uparrow + 2H_2\uparrow$

酸性条件下，阳极：$\quad 2H_2O - 4e^- \longrightarrow O_2\uparrow + 4H^+ \qquad \varphi = 0.00 \ V$

阴极：$\quad 4H^+ + 4e^- \longrightarrow 2H_2\uparrow \qquad \varphi = 1.23 \ V$

碱性条件下，阳极：$\quad 2OH^- - 4e^- \longrightarrow O_2\uparrow + 2H_2O \qquad \varphi = -0.826 \ V$

阴极：$\quad 4H_2O + 4e^- \longrightarrow 2H_2\uparrow + 4OH^- \qquad \varphi = 0.404 \ V$

中性条件下，阳极：$\quad 2H_2O - 4e^- \longrightarrow O_2\uparrow + 4H^+ \qquad \varphi = -0.413 \ V$

阴极：$\quad 4H_2O + 4e^- \longrightarrow 2H_2\uparrow + 4OH^- \qquad \varphi = 0.817 \ V$

根据反应方程式可知，在 OER 中，每得到一个 O_2 需要转移 4 个电子，这是一个较为缓慢的反应动力学过程，因此需要一个成本低廉且高效的水催化剂来降低反应势垒，提高能源转换效率。

本实验首先通过水热法制备镍铁水滑石纳米片阵列，让学生熟悉一系列水热反应基本仪器及操作要领；然后利用电化学工作站对镍铁水滑石纳米片阵列的 OER 性能进行测试，教导学生掌握线性扫描伏安法测试的方法，熟悉使用电化学工作站；最后，教会学生利用软件绘图，进行数据处理和撰写实验报告。

三、主要试剂、器材及仪器

1. 试剂与器材

九水合硝酸铁（分析纯），六水合硝酸镍（分析纯），乙二醇（分析纯），尿素（分析纯），Nafion溶液（质量分数为 5%），无水乙醇（分析纯），氧化铝抛光粉（分析纯），去离子水。100 mL 量筒，100 mL 烧杯，100 mL 不锈钢反应釜，玻璃棒，50 μL 和 1000 μL 移液枪，Hg/HgCl 电极，石墨电极，玻碳电极。

98

2. 仪器

分析天平,超声波清洗机,高速离心机,电热恒温鼓风干燥烘箱,电化学工作站。

四、实验步骤

1. 镍铁水滑石纳米片阵列的合成

用量筒分别量取 30 mL 去离子水和 30 mL 乙二醇于 100 mL 烧杯中,搅拌至混合均匀;用分析天平分别称取 0.291 g(1 mmol)六水合硝酸镍及 0.121 g(0.3 mmol)九水合硝酸铁溶解在上述均相溶液中,搅拌至混合均匀;用分析天平称取 0.240 g 尿素溶于上述均相溶液中,超声搅拌 30 min 形成均匀的悬浮液;将上述均相溶液转移至 100 mL 聚四氟乙烯反应釜内衬中,并旋紧;将上述反应釜置于电热恒温鼓风干燥烘箱中,设置反应温度为 160 ℃,反应时间为 24 h;待其完全冷却后,取出反应釜内衬,将悬浮液倒出,水洗、离心三次后,置于 60 ℃ 真空烘箱中干燥。

2. 电极的制备

用去离子水清洗玻碳电极,在绒面上滴加少量的 Al_2O_3 抛光粉溶液,然后将玻碳电极在绒面上绕圈均匀抛光 10 min,再用去离子水反复冲洗,吹干。然后分别将 5 mg 样品和 1 mg 纳米炭黑放入称量瓶中,用移液枪分别向称量瓶中加入 380 μL 无水乙醇、600 μL 蒸馏水和 20 μL 质量分数为 5% 的 Nafion 溶液。然后将上述混合溶液放入超声波清洗机中超声处理 90 min。超声处理完成后,将 15 μL 混合溶液滴在玻碳电极上,自然干燥后备用。

3. 电催化性能测试

(1)OER 线性扫描伏安测试:在电化学工作站上进行线性扫描测试,电解液为 1 mol · L^{-1} KOH 溶液,采用三电极体系,线性扫描曲线参数设置:线性扫描速率为 5 mV · s^{-1},采样间隔为 1 mV,扫描范围为 0.3~0.8 V(vs. RHE)。注意在进行线性扫描测试之前,还需以 50 mV · s^{-1} 的扫描速率快扫 40 圈,以确保线性曲线保持稳定。

(2)HER 线性扫描伏安测试:在电化学工作站上进行线性扫描测试,电解液为 1 mol · L^{-1} KOH 溶液,采用三电极体系,线性扫描曲线参数设置:线性扫描速度为 5 mV · s^{-1},采样间隔为 1 mV,扫描范围为 -2~-1 V(vs. RHE)。

(3)交流阻抗测试:测试电位设置为 100 mV(vs. RHE),测试频率区间为 0.1 Hz~100 kHz,扰动振幅为 10 mV。

五、实验数据处理

将测试所数据导入 Origin 软件中进行处理并绘图。

1. 绘制极化曲线

将测好的 LSV 数据以 TXT 格式拷贝下来,导入 Origin 软件中因电位参考可逆氢电极(RHE),其公式如下:

$$\varphi(\text{vs. RHE}) = \varphi_{\text{SCE}} + 0.059 \text{ V pH} + 0.242 \text{ V} \tag{25-1}$$

需要对电化学数据均进行 IR 校正:

对 X 轴处理公式: $$V_0 + 1.068 \text{ V} - I_0 \times R \tag{25-2}$$

对 Y 轴处理公式：$\qquad\qquad I_0 \times 1000/A$ $\qquad\qquad$ (25-3)

式中，V_0 为测得的电压即 X 轴数据；

$\qquad$ I_0 为测得的电流即 Y 轴数据；

$\qquad$ A 为玻碳电极负载催化剂面积（0.07 cm^{-2}）；

$\qquad$ R 为测得的阻抗。

所得极化曲线参考图 25-1。

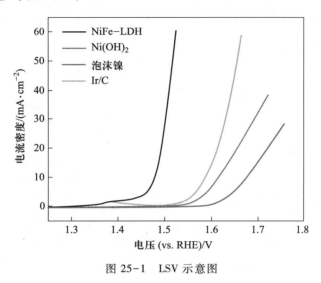

图 25-1　LSV 示意图

2. 绘制 Tafel 曲线

取电流的对数（lg$I$）对电压作图，即步骤 1 中处理后的数据进行 X、Y 列互换得到新的 X'、Y' 列数据，再进行如下处理：

$$X' = \lg Y \qquad\qquad (25-4)$$
$$Y' = X \qquad\qquad (25-5)$$

对上面的数据进行绘图，取一段进行线性拟合，得到 Tafel 曲线图。

六、实验注意事项

（1）在进行超声搅拌时应注意其温度不要高于 30℃，否则会影响实验结果。

（2）反应釜自然降温后方可打开，不可用冲水等方法使反应釜骤冷，以免发生爆炸。另外，反应釜一定要旋紧，否则在反应过程中反应釜内液体可能会喷出。

（3）实验完毕后要将反应釜清洗干净，以免锈蚀，尤其是釜体和釜盖线密封处要格外注意清洗干净，并严防将其碰伤损坏。

七、思考题

（1）镍铁水滑石作为电解催化分解水反应催化剂的优越性是什么？

（2）简述阳极的析氧反应的基本原理。

（3）评价阳极的析氧反应催化剂反应活性的方法有哪些？

（4）什么是过电位？如何利用过电位评价电催化剂性能的好坏？

（5）为什么需要对工作电极进行 *IR* 补偿？

参考书目及文献　　　　　思考题参考答案

实验 26　Ag 纳米颗粒的合成及其 CO_2 还原性能测试

一、实验目的

（1）了解二氧化碳还原（CO_2RR）的原理；

（2）掌握催化剂的制备过程；

（3）掌握 CO_2 还原性能测试的基本方法；

（4）了解 CO_2 还原性能的评价方法及影响性能的因素分析。

二、实验原理

CO_2 电化学还原反应是一个复杂的多电子转移过程，包括 2 电子、4 电子、6 电子和 8 电子转移，同时伴有不同的反应中间体，整个过程的电子转移数及反应中间体共同决定了反应最终产物。电催化还原 CO_2 一般采用异相催化，即反应发生在电极（催化剂）与电解液（CO_2 饱和溶液）的界面，其还原过程包括三个主要步骤：（1）CO_2 在催化剂上发生化学吸附活化 CO_2；（2）活化的 CO_2 获得电子或质子（或同时得到），C—O 键断裂并（或）形成 C—H 键，生成反应中间体（如 *COOH）；（3）继续得电子形成最终产物后从催化剂上脱离，催化位点因而进入下一个反应周期。由于不同种类的催化材料与 CO_2 之间的作用力不同，故还原机理不同，最终产物一般也不同。根据产物分子中 C 原子的个数，可以将产物分为 C_1（单碳）产物（如 CO、HCOOH、CH_4、CH_3OH 等）和 C_2（双碳）产物（如 C_2H_4、C_2H_5OH 等）。图 26-1 给出了生成 C_1 和 C_2 产物的 CO_2 还原反应路径。

正因为还原反应的复杂性，一些标准参数被用来衡量催化反应的性能。例如，反应起始电位，指的是该电位下能得到一定量的产物（或电流密度达到一定值），该电位与标准电位间的差值即为过电位（η）；法拉第效率（FE），是指向体系所提供的电荷量用于 CO_2 还原的比例，如果所通电荷量均用于 CO_2 还原，则其法拉第效率为 100%；电流密度，即电流大小与电极几何面积的比值，通常用来衡量催化剂活性大小，其与特定产物法拉第效率的乘积为该产物的电流密度。

三、主要试剂、器材及仪器

1. 试剂与器材

$AgNO_3$，抗坏血酸（AA），柠檬酸钠（TSC），无水乙醇，Vulcan XC-72（导电炭黑），Nafion 溶液（质量分数为 5%），0.5 $mol \cdot L^{-1}$ $KHCO_3$ 溶液。移液管，碳棒，夹片电极，Ag/AgCl（饱和 KCl 溶液）电极，定位加液枪，100 mL 三颈瓶，H 形电解池。

2. 仪器

加热搅拌器，离心机，超声波清洗器，分析天平，CHI660C 电化学工作站，气相色谱仪。

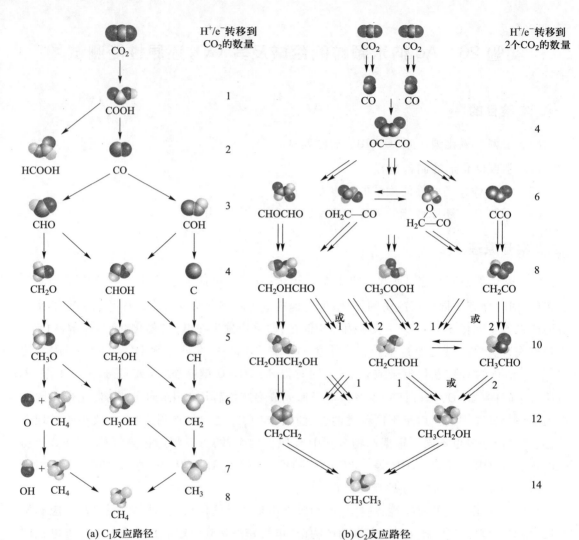

图 26-1　生成 C_1 和 C_2 产物的 CO_2 还原反应路径图

四、实验步骤

1. Ag 催化剂的制备

将 60 mL H_2O 和 0.12 g $AgNO_3$ 加入 100 mL 三颈瓶中,三颈瓶的三个口用封口膜封好,加热并以适当速度搅拌。溶液温度升到 60℃ 时立即加入 1.2 mL TSC 溶液(0.01 mol·L^{-1},29.5 mg TSC + 10 mL H_2O);保温 15 min 后,快速加入 0.9 mL AA 溶液(0.01 mol·L^{-1},17.6 mg AA + 10 mL H_2O);反应 30 min 后,将溶液冷却至室温(得到的 Ag 催化剂的颜色为浅红色泛绿)。产物用去离子水和无水乙醇分别洗涤三次后,分散在 1 mL 无水乙醇中。

2. 工作电极的制备

取 0.5 mL 洗涤后的溶液(从上述 1 mL 溶液中取 0.5 mL,约 0.5 mg 样品),加入 1 mg Vulcan XC-72,再加入 10 μL 质量分数为 5% 的 Nafion 溶液,超声 30 min。然后取 150 μL 上述溶液滴加到碳纸(1 cm × 1 cm)上,晾干后测试。

3. 电化学测试

电化学测试在一个由阴离子交换膜分离的三电极 H 形电解池中进行,以碳棒为对电极,Ag/AgCl(饱和 KCl 溶液)电极为参比电极,电解质为 0.5 mol·L^{-1} KHCO$_3$ 溶液。每次测试前,将二氧化碳气体通入电解质中 30 min,形成饱和二氧化碳溶液。在一定电位下,进行 i-t 测试 3600 s,同时进行气相色谱在线检测,检测过程中不断将 CO$_2$ 气体以 20 sccm(标准毫升每分钟)的流速通入电解质中。以相同方法测试催化剂在标准气体中的性能。

五、数据处理与分析

用 Origin 软件处理,导出电催化 CO$_2$ 还原过程中气态产物 CO 和 H$_2$ 的峰面积,根据以下公式算出其法拉第效率:

$$FE(\%) = \frac{N \cdot c \cdot V \cdot F}{Q} \times 100\% \qquad (26-1)$$

式中,N 是转移电子的数目(这里 $N = 2$);

V 是气体的总量(mL);

F 是法拉第常数(96485 C·mol^{-1});

Q 是总电荷量;

c 是产物浓度(mol·mL^{-1})。

绘制出电位与法拉第效率的柱状图,并进行性能评价。

六、思考题

(1)电催化 CO$_2$ 还原产业化面临的关键问题有哪些?

(2)CO$_2$ 还原性能的影响因素有哪些?

(3)以 Ag 纳米颗粒为催化剂的 CO$_2$ 还原反应的主要产物有哪些?竞争反应是什么?

参考书目及文献

思考题参考答案

实验 27 电催化 CO₂ 还原电解池的组装及性能测试

一、实验目的

（1）了解电催化 CO_2 还原的基本原理；

（2）了解电催化 CO_2 还原工作电极的制备；

（3）了解电催化测试方法和数据处理。

二、实验原理

电催化 CO_2 还原，能够将大气中不同来源的 CO_2 重新转化为高附加值的液体燃料和化学品，是实现人工碳循环的有效途径。早在 19 世纪初，人们使用锌作为阴极材料在电化学条件下将 CO_2 还原成 CO，这是首次关于电化学还原 CO_2 的研究。这一领域的研究在 20 世纪 80 年代开始大规模兴起。

电催化 CO_2 还原反应通常在一个三电极体系中进行，其反应装置示意图如图 27-1 所示。该反应是一个涉及多电子转移与多质子相耦合的过程，主要有如下几个步骤：（1） CO_2 分子吸附到电极表面；（2）电子转移与质子化，与此同时会发生 C=O 键断裂及 C—H 键和 C—O 键的形成；（3）产物从催化剂表面脱附。

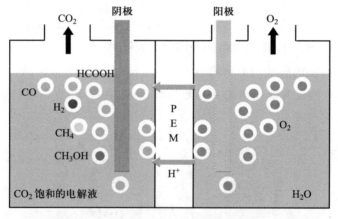

图 27-1 电化学 CO_2 还原反应的装置示意图

CO_2 在不同种类的电极材料上有着截然不同的反应路径，一般而言，在 Pb、Hg、Tl、In、Sn、Cd 和 Bi 电极上主要生成 HCOOH，在 Au、Ag、Zn、Pd 和 Ga 电极上主要生成 CO，而在 Ni、Fe、Pt 和 Ti 这些材料表面的主要产物是 H_2。而 Cu 是唯一一种可以使 CO_2 生成烃类和醇类的催化剂，这使得铜基材料在 CO_2 还原反应中占据着独特的地位。表 27-1 列举了电催化 CO_2 还原反应的半反应及对应的标准平衡电极电位。

之所以 CO_2 在不同种类的电极材料上会表现出如此截然不同的性质，主要是因为不同金属与参与反应的关键中间体之间的结合能有着显著的差异。在水溶液中 CO_2 还原反应主要的竞争反应是析氢反应,*H,*OCHO,*COOH 及 *CO 是在该反应体系中共同存在的中间体,这些中间体与金属材料表面之间的结合能差异使得在催化剂表面发生的反应有着截然不同的反应路径。

表 27-1　电催化 CO₂ 还原反应的半反应及对应的标准平衡电极电位

电化学半反应	电极电位(vs. SHE)/V
$2H^+ + 2e^- \longrightarrow H_2$	−0.42
$CO_2 + 2H^+ + 2e^- \longrightarrow CO + H_2O$	−0.52
$CO_2 + 2H^+ + 2e^- \longrightarrow HCOOH$	−0.61
$CO_2 + 4H^+ + 4e^- \longrightarrow HCHO + H_2O$	−0.51
$CO_2 + 6H^+ + 6e^- \longrightarrow CH_3OH + H_2O$	−0.38
$CO_2 + 8H^+ + 8e^- \longrightarrow CH_4 + 2H_2O$	−0.24
$2CO_2 + 12H^+ + 12e^- \longrightarrow C_2H_4 + 4H_2O$	0.064
$2CO_2 + 12H^+ + 12e^- \longrightarrow C_2H_5OH + 3H_2O$	0.084

三、主要试剂、器材及仪器

1. 试剂与器材

高纯 CO₂ 气体,催化剂(以 CuO 为例),电解液(1 mol·L⁻¹ KOH 溶液),黏结剂(5% Nafion 溶液),无水乙醇,去离子水。2 mL 样品瓶,疏水碳纸,导电铜胶带,移液枪,参比电极(Ag/AgCl 电极),对电极(泡沫镍),阴离子交换膜。

2. 仪器

分析天平,超声仪,气体扩散电极电解池,蠕动泵,电化学工作站,气相色谱仪,核磁共振波谱仪。

四、实验步骤

1. 工作电极的制备

在分析天平上称取 10 mg 催化剂,装入样品瓶中。然后用移液枪在样品瓶中依次滴加 500 μL 去离子水、450 μL 无水乙醇和 50 μL 黏结剂。将样品瓶放入超声仪中,超声 30 min 形成均匀的分散液。用移液枪取 120 μL 的分散液均匀地涂在 1 cm × 2.5 cm 的疏水碳纸上,烘干备用。

2. 气体扩散电极电解池的组装

如图 27-2 所示,在电解池对应位置,依次安装对电极、隔膜、工作电极和参比电极。向阴、阳极液流池中分别加入 50 mL 电解液,分别通过管路经蠕动泵后,依次与阴、阳极室连接。高纯 CO₂ 气体从进气口进入气体室,气体出口与气相色谱仪连接。

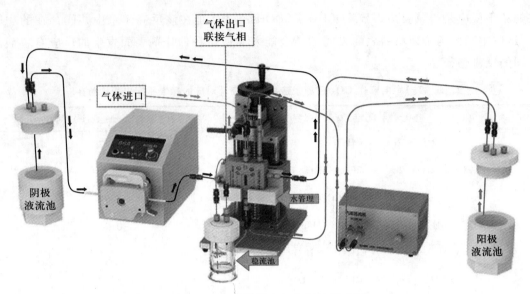

图 27-2 气体扩散电极电解池示意图

3. 电化学测试

所有电化学测试均在电化学工作站上进行。

（1）LSV 测试：在 $-1.3 \sim 0$ V（vs. RHE）范围内，以 5 mV·s^{-1} 的扫描速率进行 LSV 测试。

（2）I-t 测试：采用恒电压模式，给定电位，进行电催化 CO_2 还原，还原时间为 30 min。还原过程中，采用气相色谱仪对其气相产物进行分析。还原结束后，收集液相产物，采用核磁共振波谱仪对其液相产物进行分析。

五、实验数据处理

（1）法拉第效率计算：

气相产物的法拉第效率计算过程如下（以 CO 为例）：

$$FE(\%) = \frac{Q_{CO}}{Q_{tot}} \times 100\% = \frac{\dfrac{v}{60 \text{ s/min}} \times \dfrac{y}{24000 \text{ cm}^3/\text{mol}} \times N \times F \times 100\%}{j} \quad (27\text{-}1)$$

式中，v 是指通入 CO_2 的流速；

y 是指 1 mL 定量环中某一气体的浓度；

$N(=2)$ 是指反应生成 1 mol CO 所转移的电子数；

$F(=96485 \text{ C·mol}^{-1})$ 是法拉第常数；

j 是恒电压电解过程中记录的电流密度。

利用 ^{1}H 核磁共振谱来确定液相产物浓度后，液相产物的法拉第效率计算过程如下（以 C_2H_5OH 为例）：

$$FE(\%) = \frac{Q_{C_2H_5OH}}{Q_{tot}} \times 100\% = \frac{n_{C_2H_5OH} \times N \times F \times 100\%}{j \times t} \quad (27\text{-}2)$$

式中，$n_{C_2H_5OH}$ 是指 50 mL 阴极电解液中还原产物乙醇的产量；

　　t 是不同电压下的电解时间；

　　$N(=8)$ 是指反应生成 1 mol C_2H_5OH 所转移的电子数；

　　$F(=96485\ C\cdot mol^{-1})$ 是法拉第常数；

　　j 是恒电压电解过程中记录的电流密度。

（2）用 Origin 软件处理法拉第效率数据，获得催化剂还原的产物分布图。

（3）用 Origin 软件处理 LSV 曲线，获得催化剂的伏安关系图。

六、实验注意事项

（1）制备工作电极时，一定要超声使催化剂全部分散在溶剂中，形成均匀的分散液。涂电极时，保证均匀涂敷。

（2）电解池组装时，一定要按照各个位置对应放置部件，之后拧紧螺丝，以免发生漏液、漏气现象。

（3）分析气相产物时，气相色谱仪第一针进气所得数据不能用，以避免偶然误差。

（4）实验时，穿戴好实验服、手套、护目镜等，以免电解液接触皮肤及眼睛等。

七、思考题

（1）与其他还原技术相比，电催化还原 CO₂ 技术有哪些优势？

（2）对于一种 CO₂ 还原催化剂，有哪些重要的评价参数？

（3）列举一些 CO₂ 还原催化剂的改性方法。

参考书目及文献

思考题参考答案

实验 28　多孔纳米 TiO_2 负载 RuAg 催化剂的制备及其对甲醇的电催化氧化研究

一、实验目的

（1）了解直接甲醇燃料电池工作的原理；

（2）了解多孔纳米 TiO_2 催化甲醇氧化的机理；

（3）掌握多孔纳米 TiO_2 负载 RuAg 催化剂的制备方法；

（4）了解电化学工作站的基本工作原理及三电极体系，熟悉使用方法；

（5）了解循环伏安法的基本原理，掌握数据的处理及分析方法。

二、实验原理

直接甲醇燃料电池（direct methanol fuel cell，DMFC）是一种将化学能转化为电能、氧化产物为 CO_2 和 H_2O 的装置，具有能耗少、能量密度高、甲醇来源丰富、效率高等优点，是未来最有希望的一种化学电源，引起了人们广泛的关注。

直接甲醇燃料电池中甲醇的电催化机理：

阳极：　　　　　$2CH_3OH + 2H_2O \longrightarrow 2CO_2 + 12H^+ + 12e^-$

阴极：　　　　　$3O_2 + 12H^+ + 12e^- \longrightarrow 6H_2O$

总反应：　　　　$2CH_3OH + 3O_2 \longrightarrow 2CO_2 + 4H_2O$

作为燃料，甲醇从直接甲醇燃料电池的阳极加入，在阳极催化剂的作用氧化为 CO_2 和 H_2O。贵金属 Pt 在低温条件下（低于 80℃）具有优异的催化性能，Pt 是目前应用最广的阳极催化剂，但是甲醇在阳极催化剂表面氧化过程中生成强烈吸附在阳极表面的羧基物种（如 CO 等），占据电极的活性中心，毒化电极，使电极活性降低。直接甲醇燃料电池产业化面临的关键问题之一是阳极催化剂，目前 DMFC 商用阳极催化剂为 PtRu/C 催化剂，但是由于 PtRu 负载量高，价格昂贵，在 DMFC 中的利用率难以达到商业化的要求。

纳米 TiO_2 是近年来研究、应用较多的一种半导体材料，紫外光照射下对甲醇氧化反应具有较高的催化性能（见图 28-1）。

其反应方程式为

$$TiO_2 + h\nu \longrightarrow TiO_2(e + h)$$

$$TiO_2(h) + CH_3OH + 6H_2O \longrightarrow TiO_2 + CO_2 + 6H^+ + 6e^-$$

TiO_2 催化甲醇氧化的缺陷是需紫外光照射才能具有较高催化性能。RuAg 负载在多孔纳米 TiO_2 表面复合而成的催化剂是一种无须紫外光照射即对甲醇具有较高电催化氧化性能的催化剂。

其催化机理为：甲醇在常规催化剂表面氧化产生的 CO、·CO 等中间产物会使催化剂中毒，RuAg/TiO_2 催化剂催化甲醇氧化时表面也可能产生中间产物，但是，一旦产生 CO、·CO

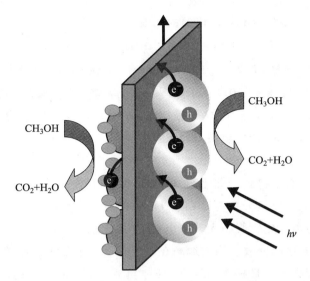

图 28-1 TiO₂ 在紫外光照射下催化甲醇氧化反应的原理示意图

等中间产物,其易通过多孔纳米 TiO₂ 载体的多孔结构扩散传质到 RuAg/TiO₂ 表面。RuAg 合金的负载能提高多孔纳米 TiO₂ 复合材料的导电性,在其表面有效地产生更多的 $\cdot OH$, $\cdot O_2^-$ 或 H_2O_2,从而很容易将甲醇氧化可能产生的 CO、$\cdot CO$ 等中间产物氧化,进而大大提高 RuAg/TiO₂ 催化剂的抗毒性。另外,催化剂中可能在 TiO₂ 的价带和导带之间产生新的杂能级,RuAg 的负载降低了 TiO₂ 的带隙能,产生更多的电子,其协同作用使 RuAg/TiO₂ 催化剂无需紫外光照射即对甲醇具有较高的催化氧化性能。

三、主要试剂、器材及仪器

1. 试剂与器材

钛酸丁酯[$Ti(OC_4H_9)_4$],PEG-400,冰醋酸,无水乙醇,甲醇,KBH_4 溶液,氨水,$RuCl_3$、$AgNO_3$,Vulcan XC-72(导电炭黑),Nafion 溶液(质量分数为 5%)。移液管,玻碳电极,铂丝电极,$Hg/HgCl_2$(饱和 KCl 溶液)电极,移液枪,磁子,20 mL 烧杯和 400 mL 烧杯若干。

2. 仪器

磁力搅拌器,离心机,超声波清洗器,分析天平,马弗炉,CHI660C 电化学工作站。

四、实验步骤

1. 多孔纳米 TiO₂ 载体的制备

多孔纳米 TiO₂ 载体的制备采用改性溶胶凝胶法。磁力搅拌下量取 17.0 mL $Ti(OC_4H_9)_4$ 和 1.0 mL PEG-400,加入 22.0 mL 无水乙醇中形成溶液,搅拌下滴入 22.0 mL 无水乙醇、1.8 mL 去离子水和 1.8 mL 冰醋酸的混合溶液,继续搅拌 2 h 左右,$Ti(OC_4H_9)_4$ 开始水解并形成前驱体溶液,加入 1.0 g Vulcan XC-72 到前驱体溶液中,继续搅拌,至形成溶胶、凝胶。凝胶放置 2~3 d 后 80℃下真空干燥,然后在马弗炉中 500℃下焙烧 3.5 h 得多孔纳米 TiO₂ 载体。

2. 多孔纳米 TiO₂ 负载 RuAg 催化剂的制备

室温下,将 0.50 g TiO₂ 在 50 mL 去离子水中超声分散均匀,然后在搅拌下加入 7.4 mL (0.01 mol·L⁻¹)RuCl₃ 溶液和 7.4 mL(0.01 mol·L⁻¹)AgNO₃ 溶液,分散液用氨水调节 pH 到 10.8,持续搅拌下加入 11.8 mL(0.1 mol·L⁻¹)KBH₄ 溶液,反应 4 h 后离心分离,滤饼用去离子水和无水乙醇洗涤后,50℃ 下真空干燥 4 h,得 RuAg 掺杂质量分数为 3%、n(Ru): n(Ag) = 1:1 的多孔纳米 TiO₂ 负载 RuAg 催化剂。

3. 工作电极的制备

取 5 mg 步骤 2 中制备得到的催化剂,分散在 1.6 mL 去离子水和 0.4 mL 异丙醇的溶液中,用移液枪加入 20 μL 质量分数为 5% 的 Nafion 溶液,室温超声 20~30 min 以形成均匀的催化剂分散液。然后用氧化铝浆抛光玻碳电极,并用无水乙醇和去离子水各清洗 3 次,自然风干后,移取 20 μL 催化剂分散液均匀地滴在事先打磨光滑的玻碳电极表面,自然风干后得到表面修饰了具有较高导电性的多孔纳米 TiO₂ 负载 RuAg 催化剂的玻碳电极作为工作电极。将多孔纳米 TiO₂ 负载 RuAg 催化剂以多孔纳米 TiO₂ 取代,以相同方法制备表面修饰多孔纳米 TiO₂ 的玻碳电极作为对比工作电极。

4. 电化学测试

电化学测试在配备常规三电极电池的 CHI660C 电化学工作站上进行,以铂丝为对电极,Hg/HgCl₂(饱和 KCl 溶液)电极为参比电极,与制备的工作电极组装成三电极体系,打开电化学工作站开关,调出循环伏安法测试界面并设置参数。初始电位设定为 -0.2 V,低电位设定为 -0.2 V,高电位设定为 1.2 V,扫描速率分别设定为 50 mV·s⁻¹、100 mV·s⁻¹、200 mV·s⁻¹,扫描段数分别设定为 6 段、25 段,系统设置工作频率设定为 60 Hz,阳极为正,正向朝右。灵敏度根据实际电流设定。将三电极体系与电化学工作站成功连接后开始测定。测定条件为室温、N₂ 保护,电解液组成为 1 mol·L⁻¹ H₂SO₄ 溶液和不同浓度(1 mol·L⁻¹、2 mol·L⁻¹、4 mol·L⁻¹)的甲醇溶液。测定电解液中无甲醇时的循环伏安曲线。设定初始电位为 0.4 V,测定电流-时间曲线。

五、实验数据处理

(1)用 Origin 软件处理导出的同一工作电极在电解液分别为含有甲醇的硫酸溶液和硫酸时的循环伏安曲线数据,表面修饰多孔纳米 TiO₂ 负载 RuAg 催化剂的工作电极以及表面修饰多孔纳米 TiO₂ 的工作电极在含有甲醇的硫酸溶液电解液中的循环伏安曲线数据,叠加画图,标注峰电流和峰电位位置,并进行分析。

(2)用 Origin 软件处理导出的表面修饰多孔纳米 TiO₂ 负载 RuAg 催化剂的工作电极在同一含有甲醇的硫酸溶液电解液中不同扫描速率时的循环伏安曲线数据,叠加画图,并进行分析。

(3)用 Origin 软件处理导出的表面修饰多孔纳米 TiO₂ 负载 RuAg 催化剂的工作电极在不同浓度的甲醇的硫酸溶液电解液中同一扫描速率时的循环伏安曲线数据,叠加画图,并进行分析。

(4)用 Origin 软件处理计时电流曲线,分析催化剂的稳定性和抗中毒性能。

（5）根据循环伏安法测定结果并结合文献对多孔纳米 TiO_2 负载 RuAg 催化剂对甲醇的电催化氧化性能进行简要的机理分析。

六、实验注意事项

（1）制备多孔纳米 TiO_2 载体及催化剂的过程中,烧杯和磁子须保持干燥。

（2）循环伏安法测定催化剂修饰的工作电极对甲醇的电催化氧化性能时须通氮除氧。

七、思考题

（1）为什么采用实验中的方法能制备出多孔纳米 TiO_2 载体?

（2）与 Pt 催化剂相比,纳米 TiO_2 基复合催化剂的优缺点是什么?

（3）如何评价催化剂好坏?

（4）如何提高纳米 TiO_2 基复合催化剂的导电性从而提高催化剂的催化性能?

参考书目及文献

思考题参考答案

实验 29　直接甲醇燃料电池的组装及性能测试

一、实验目的

（1）了解并掌握直接甲醇燃料电池的基本工作原理；

（2）了解直接甲醇燃料电池的组装；

（3）了解并掌握直接甲醇燃料电池性能测试的基本方法；

（4）了解并掌握直接甲醇燃料电池性能评价的方法。

二、实验原理

燃料电池是一种将燃料的化学能直接转化为电能的能源转化装置，具有环境友好、效率高、工作安静可靠等显著优点，被誉为继核能之后新一代的能源装置。在众多燃料电池种类中，直接甲醇燃料电池（DMFC）因具有系统结构简单、能量密度高、环境友好、更换燃料方便、可在常温下工作等优点，成为便携式设备最有前景的可替代电源，是电化学和能源科学领域的研究热点。

直接甲醇燃料电池的典型结构示意图如图 29-1 所示。

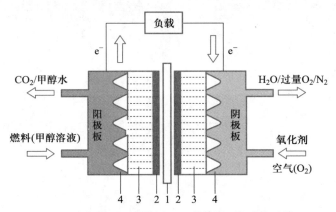

1—质子交换膜；2—催化层；3—扩散层；4—极板流场

图 29-1　直接甲醇燃料电池的典型结构示意图

可以看出，典型的直接甲醇燃料电池包括双极板、阳极扩散层、阳极催化剂层、质子交换膜、阴极催化剂层、阴极扩散层、集流体等部件。直接甲醇燃料电池中甲醇的电催化机理：

阳极：　　　　　　$2CH_3OH + 2H_2O \longrightarrow 2CO_2 + 12H^+ + 12e^-$　　　　　　（29-1）

阴极：　　　　　　$3O_2 + 12H^+ + 12e^- \longrightarrow 6H_2O$　　　　　　（29-2）

总反应：　　　　　$2CH_3OH + 3O_2 \longrightarrow 2CO_2 + 4H_2O$　　　　　　（29-3）

甲醇水溶液通过阳极扩散层扩散到达阳极催化层，甲醇在阳极催化层被氧化，生成二氧化碳、氢离子和电子，如式（29-1）所示。氢离子通过质子交换膜迁移到阴极，电子通过外电路传递到阴极；在阴极侧，氧气通过暴露在空气中的阴极扩散层传输至阴极催化层，在电催化剂的作用下,氧气与从阳极迁移过来的质子以及从外电路到达的电子发生还原反应生成水,如式(29-2)所示。理论上直接甲醇燃料电池的开路电压能达到 1.183 V,但实际上其开路电压一般只有 0.7 V 左右,其主要原因是部分燃料(甲醇)在浓度差的作用下渗透通过质子交换膜到达阴极引起了混合电位,这一过程被称为甲醇渗透(methanol crossover)。另外从图 29-1 中还可以看出,在直接甲醇燃料电池阳极侧存在由甲醇氧化产生的二氧化碳气泡。另外在燃料电池阴极侧,氧气的还原反应会在阴极电极表面生成水滴,生成的水滴会聚集在空气自呼吸阴极表面,减小阴极电极与空气的接触面积,增大氧气的传质阻力,降低电池性能。

三、主要试剂、器材及仪器

1. 试剂与器材

甲醇,硫酸,去离子水,无水乙醇,Nafion 溶液(质量分数为 5%),Nafion117 膜,PTFE 乳液(质量分数为 60%),PTFE 膜,Vulcan XC-72(导电炭黑),商用 PtRu/XC-72R 阳极催化剂,商用 Pt/XC-72R 阴极催化剂,H_2O_2 水溶液(质量分数为 5%)。移液枪,水浴锅,有机玻璃板材(厚度分别为 5 mm,10 mm),多孔钛网(厚度为 250 μm),螺栓,螺母,绝缘垫片(硅胶片,厚度为 0.5 mm),聚四氟乙烯密封盖,扁头毛笔。

2. 仪器

分析天平,切片机,真空干燥箱,热压机,CHI660C 电化学工作站。

四、实验步骤

1. 膜电极的压制

(1)多孔钛网的预处理:多孔钛网为膜电极支撑体基底材料。将多孔钛网切成 2 cm × 2 cm 大小。首先将其用 0.5 mol·L^{-1} H_2SO_4 溶液在 80℃ 下处理 30 min;再用去离子水超声清洗两次,各 30 min;然后将预处理的多孔钛网放在去离子水中备用。

(2)多孔钛网涂覆阴极扩散层和阳极扩散层:Vulcan XC-72、PTFE 乳液用无水乙醇分散,形成气体扩散层浆料,用扁头毛笔涂覆在预处理好的多孔钛网表面,真空干燥,至 Vulcan XC-72 和 PTFE 乳液在多孔钛网表面上的负载量为 4 mg·cm^{-2},多孔钛网表面形成阴极气体扩散层和阳极扩散层。

(3)阳极催化剂层的涂覆:用移液枪移取质量分数为 5% 的 Nafion 溶液和无水乙醇,并超声分散,Nafion 溶液与商用 PtRu/XC-72R 阳极催化剂的质量比为 1:4,形成的浆料用扁头毛笔涂覆在多孔钛网的阳极扩散层表面,直至阳极催化层中 PtRu 的负载量达到 4 mg·cm^{-2},以其为膜阳极。

(4)阴极催化剂层的涂覆:用移液枪移取质量分数为 5% 的 Nafion 溶液和无水乙醇,并超声分散,Nafion 溶液与商用 Pt/XC-72R 阴极催化剂的质量比为 1:4,形成的浆料用扁头毛笔涂覆在多孔钛网的阴极扩散层表面,直至阳极催化层中 Pt 的负载量达到 3 mg·cm^{-2},以其为膜阴极。

(5)Nafion117 膜的预处理:首先将 Nafion117 膜在 80℃ 、质量分数为 5% 的 H_2O_2 水溶液

中煮 1 h,以去除膜内的有机杂质。其次用去离子水反复冲洗 Nafion117 膜,将其浸泡在 80℃ 的去离子水中煮 1 h,以完全除去残留的 H_2O_2。再次将 Nafion117 膜浸泡于 80℃、$1.0~mol \cdot L^{-1}$ 的 H_2SO_4 溶液中煮 1 h,通过离子交换将 Nafion117 膜转为 H^+ 型。最后用去离子水反复冲洗 Nafion117 膜,将其浸泡在 80℃ 的去离子水中热处理 1 h,以完全除去膜内残留的 H_2SO_4。

（6）膜电极的压制:将膜阳极、Nafion117 膜、膜阴极叠加,阳极催化层和阴极催化层在 Nafion117 膜的两侧,多孔钛网两侧分别叠加 PTFE 膜。在成型压力为 5 MPa、成型温度为 135℃、保压时间为 180 s 的条件下,热压成型,冷却后,揭去两侧的 PTFE 膜得膜电极。

2. 直接甲醇燃料电池的组装

由图 29-2 可以看出,电池由阳极底板、硅胶绝缘垫片、燃料舱体、膜电极、阴极顶板组成,阳极底板和燃料舱体之间、燃料舱体和燃料舱体之间、燃料舱体和膜电极之间、膜电极和阴极顶板之间以硅胶绝缘垫片为密封垫密封。阳极底板和阴极顶板均为厚度 5 mm 的有机玻璃板,大小为 4 cm × 4 cm。燃料舱体用厚度为 10 mm 的有机玻璃板,其体积为 2 cm × 2 cm × 2 cm。在需要钻孔的表面进行划线,确定钻孔位置(加液孔、空气流通孔以及 CO_2 和水蒸气排放孔),并加工锥孔以方便钻床加工,加液孔、空气流通孔以及 CO_2 和水蒸气排放孔用聚四氟乙烯密封盖盖好;最后采用台钻床加工侧壁零件的螺栓孔。选用螺栓和螺母作为紧固件,根据机械装配工艺要求,将加工好的壳体、密封垫和膜电极按图 29-2 组装,旋紧螺母,保证燃料舱体密封不泄漏。

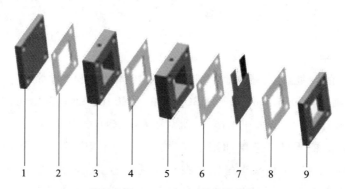

1—阳极底板；2,4,6,8—硅胶绝缘垫片；
3,5—燃料舱体；7—膜电极；9—阴极顶板

图 29-2 电池组装示意图

3. 直接甲醇燃料电池性能测试

（1）配制好甲醇硫酸溶液,通入进料并活化新制直接甲醇燃料电池。待新电池性能稳定后,测定其开路电压。测定 $1~mol \cdot L^{-1}~H_2SO_4$ 溶液和不同浓度（$1~mol \cdot L^{-1}$、$2~mol \cdot L^{-1}$、$4~mol \cdot L^{-1}$）甲醇溶液电解液在常温下的 $V-I$ 极化曲线。

（2）测定不同工作温度下电池性能。

（3）测定阴极氧化气体分别为空气和氧气及不同进气速度时电池的性能。

（4）测定电池的计时电流曲线。

五、实验数据处理

（1）用 Origin 软件处理 1 mol·L^{-1} H$_2$SO$_4$ 溶液和不同浓度（1 mol·L^{-1}、2 mol·L^{-1}、4 mol·L^{-1}）甲醇溶液电解液在常温下的 V-I 极化曲线数据，探讨甲醇浓度对浓差极化、甲醇渗漏的影响，分析甲醇溶液浓度对电池功率密度的影响。

（2）用 Origin 软件处理不同温度下电池性能数据，探讨不同工作温度对电池功率密度的影响。

（3）用 Origin 软件处理阴极氧化气体分别为空气和氧气时电池的性能数据，探讨空气和氧气对电池功率密度的影响。

（4）用 Origin 软件处理电池的计时电流曲线数据，探讨电池的稳定性。

（5）结合多孔钛网的形貌、多孔钛网表面涂覆的阴极扩散层和阳极扩散层，以及阳极催化层和阴极催化层的形貌，分析其对电池功率密度、电池稳定性的影响。

六、实验注意事项

（1）阴极催化剂和阳极催化剂涂覆在阴极扩散层和阳极扩散层表面时一定要均匀。

（2）电池密封性要好。

七、思考题

（1）直接甲醇燃料电池商业化面临的关键问题是什么？

（2）直接甲醇燃料电池中阴极氧化气体分别为空气和氧气对开路电压和电池功率密度有何影响？

（3）阴极催化剂负载量对直接甲醇燃料电池性能有何影响？

参考书目及文献

思考题参考答案

实验 30（一） RuNiLn-N-C 多金属位点单原子催化剂的制备

一、实验目的

（1）了解金属有机框架的组成与结构；
（2）了解金属有机框架衍生的碳基材料的性质与应用；
（3）掌握多金属位单原子催化剂的制备与分析表征。

二、实验原理

金属有机框架（metal organic frameworks，MOFs）是一类由金属离子或金属团簇与有机连接物连接而成的晶体材料，具有开放的晶体结构、优异的孔隙度、结构灵活性和可调功能。在惰性气氛和合适的温度下，金属离子可以通过热解过程转化为金属纳米粒子或氧化物，高度分散或嵌入碳基体。得到的产物具有结构灵活可调、比表面积大、金属/有机物种丰富等特点。此外，与其他碳基材料相比，MOFs 衍生的碳基纳米材料具有形貌和孔隙度可定制、易于与其他杂原子和金属/金属氧化物功能化等优势。基于这些优势，越来越多的 MOFs 衍生的碳基纳米材料被应用于电池、超级电容器、气体吸附等能源、环境领域。

电催化剂的本征活性很大程度上取决于材料的类型，MOFs 衍生的碳基活性材料可以分为非金属杂原子掺杂碳、原子分散的金属位点、金属颗粒和金属复合粒子。杂原子掺杂是无金属碳基电催化剂活性的重要来源。为了引入杂原子，通常使用含杂原子的配体作为前驱体来构建 MOFs。碳基体上原子分散的金属催化剂使活性位点的利用效率最大化，N 原子可以锚定碳材料中的金属原子，形成金属—N_x—C 配位结构，使得 MOFs 衍生的单原子表现出优异的电催化活性。金属物种可以从无机节点、固定在配体上的金属离子和包裹在 MOFs 孔中的金属前驱体中衍生出来。如图 30-1 所示，金属化合物作为前驱体形成金属节点，引入有机配体形成金属有机骨架材料，进一步高温煅烧形成含有金属单原子分布的—N_x—C 催化剂。

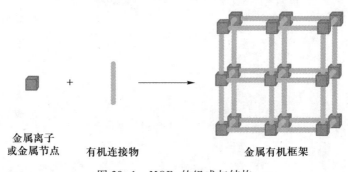

金属离子
或金属节点　　　有机连接物　　　　　　　金属有机框架

图 30-1 MOFs 的组成与结构

三、主要试剂、器材及仪器

1. 试剂与器材

六水合硝酸锌,2-甲基咪唑,乙酰丙酮钌,乙酰丙酮镍,乙酰丙酮镧,乙酰丙酮铈,乙酰丙酮镨,无水乙醇,甲醇。移液枪,不锈钢药匙若干,100 mL 烧杯若干,50 mL 聚四氟乙烯内衬的不锈钢高压反应釜若干。

2. 仪器

磁力搅拌器,鼓风干燥箱,离心机,超声波清洗器,分析天平,马弗炉,D8 Advance X 射线衍射仪,JEM-1203 型透射电子显微镜,EX-250 型 X 射线能谱仪,X 射线光电子能谱仪,电感耦合等离子体发射光谱。

四、实验步骤

1. 催化剂的制备

将 $Zn(NO_3)_2 \cdot 6H_2O$(0.594 g,2 mmol)、乙酰丙酮钌(39.84 mg,0.1 mmol)、乙酰丙酮镍(25.7 mg,0.1 mmol)和乙酰丙酮镧(43.6 mg,0.1 mmol)溶于 7.5 mL 甲醇中,形成澄清透明的溶液,然后添加到 15 mL 含 2-甲基咪唑(0.656 g,8 mmol)的甲醇溶液中。剧烈搅拌5 min后,将混合溶液转移到 50 mL 聚四氟乙烯内衬的不锈钢高压反应釜中,在 120℃ 下加热 4 h 后冷却至室温。所得固体经离心收集,甲醇洗涤四次,真空干燥过夜,获得的粉末标记为 RuNiLa@ ZIF-8。RuNiCe@ ZIF-8 和 RuNiPr@ ZIF-8 分别为加入 0.1 mmol 乙酰丙酮铈和 0.1 mmol 乙酰丙酮镨的产物。将 RuNiLn@ ZIF-8(Ln = La,Ce,Pr)粉末置于管式炉中,以 5 ℃·min^{-1} 的升温速率,在 H_2(10%) 和 Ar 混合气中加热至 950℃,保温 1 h。煅烧后,样品自然冷却至室温,得到的粉末标记为 RuNiLn-N-C(Ln = La,Ce,Pr)。

2. 催化剂的表征

采用 X 射线衍射仪对催化剂的晶体结构进行分析,Cu K$_\alpha$ 射线,扫描电压和电流分别为 40 kV 和 40 mA,λ = 0.154 nm,扫描范围为 10°~90°;采用透射电子显微镜(TEM)表征催化剂的形貌和金属位点的分布;采用 X 射线能谱仪(EDS)和 X 射线光电子能谱仪(XPS)分析催化剂的元素组成及价态;采用电感耦合等离子体发射光谱(ICP)测定催化剂中金属含量。

五、实验数据处理

(1) 用 Origin 软件处理样品的 XRD 数据,叠加画图,与 PDF 标准卡片进行对比分析。

(2) 结合 XRD 数据对 TEM 图谱进行分析。

(3) 对 EDS、XPS 谱图以及 ICP 数据进行分析,得到样品的元素组成、价态、金属含量等信息。

六、思考题

(1) 采用水热法/溶剂热法制备样品的优点有哪些?

（2）如何评价催化剂性能的好坏？

参考书目及文献

思考题参考答案

实验 30（二）　RuNiLn-N-C 催化剂的氨催化氧化性能研究

一、实验目的

（1）了解直接氨燃料电池工作的原理；

（2）熟练使用电化学工作站，了解旋转环盘电极及三电极体系的基本原理；

（3）了解循环伏安法的基本原理，熟练掌握数据的处理及分析方法；

（4）了解燃料电池的构件及 20 W PEM 燃料电池测试平台的操作。

二、实验原理

燃料电池（fuel cell）是一种可以将燃料中的化学能直接转化为电能的能量转换装置。在其运作的过程中，将燃料和氧化剂分别加入电池阳极和阴极，在催化剂的作用下，直接将化学能转化为电能。值得注意的是，燃料电池因其不受卡诺循环限制、能量转换效率高、耐久性好、环境友好等优点而受到越来越多的关注。氨（NH_3）是一种无碳氢载体，比氢更易储运，且体积能量密度更高，因此，直接氨燃料电池（direct ammonia fuel cell，DAFC）的研究具有重要的理论意义和实际价值。理想的 DAFC 反应产物只有氮气和水，是完全绿色无污染的，其反应方程式为

$$4NH_3 + 3O_2 \longrightarrow 2N_2 + 6H_2O$$

质子导体电解质条件下电极反应机理：

阳极反应：　　　　$4NH_3 \longrightarrow 2N_2 + 12H^+ + 12e^-$

阴极反应：　　　　$3O_2 + 12H^+ + 12e^- \longrightarrow 6H_2O$

阴离子（OH^-）导体电解质条件下电极反应机理：

阳极反应：　　　　$4NH_3 + 12OH^- \longrightarrow 2N_2 + 12H_2O + 12e^-$

阴极反应：　　　　$3O_2 + 6H_2O + 12e^- \longrightarrow 12OH^-$

在酸性条件下，质子交换膜上的 H^+ 被更大的 NH_4^+ 所取代，导致离子传导率下降，燃料中仅含 1~10 ppm 的 NH_3 就会恶化质子交换膜燃料电池（PEMFC）的性能。引入阴离子（OH^-）交换膜可以降低氨的扩散，有效解决质子交换膜毒化问题。直接氨燃料电池的发展还处于起步阶段，这主要是因为氨氧化反应（AOR）比氢氧化反应（HOR）更为复杂和缓慢。要使电池反应能够顺利进行，就必须使阳极 NH_3 中的 N—H 键断开以与 OH^- 反应，而低温下 NH_3 中的 N—H 键很难被催化，这使得开发高功率密度的低温直接氨碱性膜燃料电池变得极为困难。此外，NO_x 副产物的形成，对环境造成较大损害。一方面，将工作温度提高到 200℃ 或更高，加速氨氧化反应动力学；另一方面，研发高活性、高选择性的电催化剂，提高氨的氧化效率，减少副产物的生成。如图 30-2 所示，氨在阳极发生氧化反应，生成 N_2 和 H_2O；氧气在阴极发生还原反应，生成 OH^-，经电解质隔膜传导至阳极侧；电子从阳极经外电路传导至阴极。

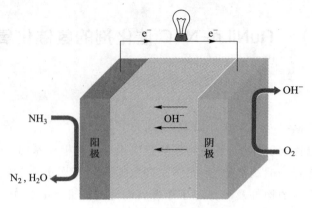

图 30-2　直接氨燃料电池原理示意图

三、主要试剂、器材及仪器

1. 试剂与器材

RuNiLn-N-C 催化剂,无水乙醇,甲醇,Vulcan XC-72(导电炭黑),Nafion 溶液(质量分数为 5%)。移液枪,玻碳圆盘电极,旋转环盘电极,可逆氢电极(RHE),碳棒,不锈钢药匙若干。

2. 仪器

磁力搅拌器,鼓风干燥箱,离心机,超声波清洗器,分析天平,CHI660C 电化学工作站,20 W PEM燃料电池测试平台。

四、实验步骤

1. 工作电极的制备

取 3.0 mg RuNiLn-N-C 催化剂分散于 1.98 mL 无水乙醇和 0.02 mL 质量分数为 5% 的 Nafion 溶液中,超声处理 1 h,得到均匀的悬浮液。然后用氧化铝抛光玻碳圆盘电极,并用去离子水和无水乙醇各超声清洗 3 次,自然风干。随后,移取 10 μL 催化剂分散液,均匀地滴在玻碳圆盘电极上,在室温下干燥,得到成膜的玻碳圆盘电极。相同方法制备表面修饰商业 Pt/C 催化剂的玻碳圆盘电极。

2. 电化学性能测试

电化学测试在配备旋转环盘电极的 CHI660C 电化学工作站上进行,以玻碳圆盘电极为工作电极,活性面积为 0.196 cm^2,碳棒作为对电极,可逆氢电极(RHE)为参比电极。打开电化学工作站开关,调出循环伏安法测试界面设置参数。循环伏安(CV)测试在氩气饱和的 1.0 $mol \cdot L^{-1}$ KOH + 0.1 $mol \cdot L^{-1}$ NH_3 溶液中进行,扫描速率为 50 $mV \cdot s^{-1}$,扫描电压范围为 0.05 ~ 1.0 V(vs. RHE),直至得到一条稳定的 CV 曲线,然后记录扫描速率为 20 $mV \cdot s^{-1}$ 的曲线;CV 曲线可以计算电化学活性表面积(ECSA)。AOR 线性扫描伏安(LSV)曲线测试在氩气饱和的 1.0 $mol \cdot L^{-1}$ KOH + 0.1 $mol \cdot L^{-1}$ NH_3 溶液中进行,扫描电压范围为 0.05 ~ 1.0 V,扫描速率为 5 $mV \cdot s^{-1}$,转速为 900 $r \cdot min^{-1}$。

五、实验数据处理

（1）用 Origin 软件处理导出的同一工作电极在不同扫描速率下的循环伏安曲线数据，叠加画图，标注峰电流和峰电位位置，并进行分析，计算电化学活性表面积。

（2）用 Origin 软件处理导出的不同工作电极在同一扫描速率下的循环伏安曲线数据，叠加画图，并进行分析。

（3）用 Origin 软件处理不同工作电极的 AOR 线性扫描伏安曲线，叠加画图，并进行分析。

（4）结合催化剂表征和电化学性能测试结果，分析 RuNiLn-N-C 多金属位点单原子催化剂对氨氧化反应的催化机理。

六、思考题

（1）NH_3 对质子交换膜有何影响？采用碱性电解质要注意什么？

（2）与氢燃料电池相比，直接氨燃料电池的优缺点是什么？

参考书目及文献

思考题参考答案

实验 31 多孔氧化铜纳米带涂层的制备及其尿素氧化催化性能研究

一、实验目的

(1) 了解多孔氧化铜纳米带涂层的制备方法;

(2) 了解电催化氧化尿素的原理;

(3) 比较电催化氧化尿素与氧析出反应的电位。

二、实验原理

尿素作为一种低成本环境废物,其理论分解电位(vs. RHE)为 0.37 V,相比水分解电位(vs. RHE,1.23 V)要低得多,具有巨大的节能潜力,研究尿素分解具有重要的节能和环保效益,故受到科学家越来越多的关注。尿素分解过程在阳极涉及多电子转移反应,反应动力学上较为迟缓,故要想提高催化剂的尿素分解性能,研究高性能尿素氧化催化剂成为关键。传统尿素氧化催化剂往往使用钯、铂等贵金属,价格昂贵,难以实现商业化,因而研究低成本非贵金属催化剂变得尤为重要。在非贵金属催化剂中,铜因其地壳含量高且具有丰富的氧化还原特性,而具有较好的工业化应用前景。本实验通过简单温和的一步化学氧化-脱水反应,在泡沫铜表面制备了多孔且坚固的氧化铜纳米带涂层,如图 31-1 所示。

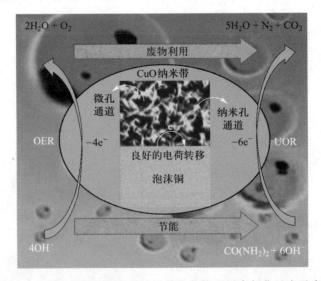

图 31-1 多孔氧化铜纳米带涂层催化节能型尿素氧化反应示意图

首先,铜被过硫酸盐离子氧化为铜离子,铜离子与氢氧根离子反应生成氢氧化铜。同时过硫酸盐离子被还原为硫酸盐离子。其次,不稳定的氢氧化铜可以通过自发脱水反应生成氧化铜纳米结构。

$$Cu + 2KOH + K_2S_2O_8 \longrightarrow Cu(OH)_2 + 2K_2SO_4$$
$$Cu(OH)_2 \longrightarrow CuO + H_2O$$

三、主要试剂、器材及仪器

1. 试剂与器材

泡沫铜（CF,1 cm × 1 cm）,$K_2S_2O_8$（≥99.0%）,KOH,乙醇,浓硫酸（质量分数为 95% ~ 98%）,尿素,去离子水。

2. 仪器

分析天平,电化学工作站（科斯特双恒电位仪,连接计算机）,电解池,Hg/HgO 电极。

四、实验步骤

1. 实验所需溶液的配制

（1）0.5 mol·L^{-1} H_2SO_4 溶液:用量筒量取 5 mL 浓硫酸,缓慢倒入盛有 95 mL 去离子水的烧杯中。

（2）1 mol·L^{-1} KOH 溶液:用分析天平称取 5.611 g KOH,用去离子水在烧杯中溶解,定容至 100 mL,摇匀备用。

（3）尿素电解液:包含 1 mol·L^{-1} KOH + 0.5 mol·L^{-1} 尿素。用分析天平称取 5.611 g KOH 溶解在去离子水中,溶解后加入 3.003 g 尿素,溶解后定容至 100 mL,摇匀备用。

（4）化学氧化生长溶液:在 100 mL 去离子水中边搅拌边加入 2 mol·L^{-1} KOH（11.222 g）和 0.05 mol·L^{-1} $K_2S_2O_8$（1.156 g）,确认 $K_2S_2O_8$ 粉末完全溶解后备用。

2. 催化剂的制备

首先,将泡沫铜在室温下浸泡在乙醇中 2 min,结束后用去离子水清洁泡沫铜。然后室温下将泡沫铜在 0.5 mol·L^{-1} H_2SO_4 溶液中室温浸泡 2 min,结束后用去离子水清洁泡沫铜。最后在 50℃ 的化学氧化生长溶液中浸泡泡沫铜 10 min,结束后用去离子水清洁泡沫铜。

3. 尿素氧化催化性能测试

通过科斯特双恒电位仪 CS-2350H 进行尿素氧化催化性能测试。在该电池中,CuO 纳米带/CF、Pt 和 Hg/HgO 分别作为工作电极、对电极和参比电极。尿素氧化反应的电解质为 1 mol·L^{-1} KOH 溶液（含 0.5 mol·L^{-1} 尿素）。组装好三电极电解池并与电化学工作站连接好。开启电化学工作站的电源,打开电脑上对应的控制软件,选择"线性扫描伏安",设置起始电位值为"开路电位"的值,终止电位值为 1 V,扫描速率为 1 mV·s^{-1},其他参数保持默认值（如图 31-2 所示）。点击"运行"按钮,仪器自动记录电位（potential）和电流（current）数据。作为对比,用同样的方法,测试水氧化反应的极化曲线,其电解质为 1 mol·L^{-1} KOH 溶液。每支电极测试 3 次,取 3 次测量的平均值作为比较的依据。

4. 数据保存

实验完毕后,从电化学工作站中导出并保存好数据。关闭电化学工作站和计算机,小心取下各电极,将电极和电解池用去离子水冲洗干净后妥善保存。

图 31-2 线性扫描伏安测试的参数设置

五、实验数据处理

（1）以电位 $E(\text{vs. Hg/HgO, V})$ 为横坐标，电流密度（$\text{mA} \cdot \text{cm}^{-2}$）为纵坐标，作出不同催化电极的尿素氧化极化曲线。

（2）根据能斯特方程，$E(\text{vs. RHE}) = E(\text{vs. Hg/HgO}) + 0.059\ \text{V pH} + 0.098\ \text{V}$，电解质 pH 为 14，将所有测量的电位值转化为相对标准可逆氢电极（RHE）的电位值。

（3）比较 CuO 纳米带/CF 电极达到 $10\ \text{mA} \cdot \text{cm}^{-2}$ 的电流密度时尿素氧化反应和水氧化反应的 $E(\text{vs. RHE})$，填写表 31-1。

表 31-1　$10\ \text{mA} \cdot \text{cm}^{-2}$ 下电催化氧化尿素反应与水氧化反应的电位比较

反应	$E(\text{vs. RHE})/\text{V}$
尿素氧化反应	
水氧化反应	

分析尿素氧化反应和水氧化反应的电位大小，分析尿素分解比水分解更节能的原因。

六、实验注意事项

（1）实验中要确保过硫酸钾完全溶解。

（2）在测试极化曲线时务必保证开路电位波动较小时再开始测量。

七、思考题

（1）把泡沫铜浸泡在乙醇溶液中和 5% H_2SO_4 溶液中分别有什么作用？

（2）在电化学测试时为什么选用 Hg/HgO 电极作为参比电极？

（3）在线性扫描伏安测试时为什么会选择低扫描速率？

参考书目及文献

思考题参考答案

实验 32 CuO 纳米线阵列的制备及其光电化学性能测试

一、实验目的

（1）掌握氧化铜纳米线生长的原理和方法；

（2）了解氧化铜的物理化学性质及原位生长法的优缺点；

（3）了解电化学工作站的基本工作原理，掌握其使用方法；

（4）掌握电化学工作站中各种测试方法的原理和分析方法。

二、实验原理

氧化铜作为一种 p 型半导体，因为其特殊的电、磁和催化活性，在超导材料、热电材料、传感器、催化剂等方面有很大的应用前景。

粉体式的氧化铜有多种形貌，如纳米线状、纳米球状、纳米棒状、蒲公英状等，但这些结构容易团聚，分散性较差；阵列式结构分散性好，形貌均一，性能测试操作方便。

本实验采用浸渍法，反应方程式如下：

$$(NH_4)_2S_2O_8 + Cu + NaOH \longrightarrow Cu(OH)_2 + Na_2SO_4 + NH_3 + H_2O \qquad (32-1)$$

$$Cu(OH)_2 \longrightarrow CuO + H_2O \qquad (32-2)$$

通过原位生长方法制备的氧化铜纳米线阵列，其活性结构是在金属基体内形核、自发长大，表面无污染，界面结合强度较高，且生长出的氧化铜为结构均一、形貌规整的纳米线阵列，比表面积较大，表面有较多的自由电子，从而有较好的光电性能。

在铜片基底上生长纳米结构，实际上是一个简单的氧化-脱水过程，铜片在高浓度的碱中不断被氧化，过硫酸铵的加入，加快了铜离子的氧化速率，过硫酸铵与碱反应生成氨，铜形成铜氨络合物，而氨水解会释放出 OH^-，之后络合物再与 OH^- 反应得到 $Cu(OH)_2$，再煅烧脱水得到氧化铜。

1. 交流阻抗法原理

交流阻抗法的主要实现方法是，控制电化学系统的电流在小幅度的条件下随时间变化，同时测量电位随时间的变化获取阻抗，进而进行电化学系统的反应机理分析及计算系统的相关参数等。交流阻抗谱可以分为电化学阻抗谱（EIS）和交流伏安法。EIS 探究的是某一极化状态下，不同频率下的电化学阻抗性能；而交流伏安法是在某一特定频率下，研究交流电流的振幅和相位随时间的变化。

这里重点介绍 EIS。由于采用小幅度的正弦电位信号对系统进行微扰，电极上交替出现阳极和阴极过程，二者作用相反，因此，即使扰动信号长时间作用于电极，也不会导致极化现象的积累性发展和电极表面状态的积累性变化。因此 EIS 是一种"准稳态方法"。通过 EIS，一般可以分析出一些表面吸附作用和离子扩散作用的贡献分配，电化学系统的阻抗大小、频谱特性及电荷电子传输的能力强弱等。

2. 伏安法原理

伏安法以小面积的工作电极与参比电极组成电解池,电解被分析物质的稀溶液,根据所得到的电流-电位曲线来进行分析。随着技术的发展,目前伏安法多采用由工作电极、对电极和参比电极组成的三电极体系进行测试。其中,作为一种应用最广泛的伏安分析技术,线性扫描伏安法通过在工作电极上施加一个线性变化的电压,实现物质的定性定量分析或机理研究等目的。与光谱、核磁共振波谱及质谱等采用波长、频率或质荷比进行扫描检测的测试方法类似,线性扫描伏安法实质上是一种电化学扫描分析方法,它采用工作电极作为探头,以线性变化的电位信号作为扫描信号、以采集到的电流信号作为反馈信号,通过扫描探测的方式实现物质的定性和定量。

对于常规尺寸电极,其伏安曲线主要有两种基本形状,即"S"形和"峰"形(如图 32-1 所示),分别类似常规直流极谱图和单扫描极谱图。由该图可以看出,在电极电位的线性扫描初始阶段,两种伏安曲线的形状特征类似:伏安电流由包含充电电流的残余电流 1—2 段和快速增加电流 2—4 段组成;而在电位扫描的后期(4—6),伏安电流或者迅速下降、或者趋于稳定。

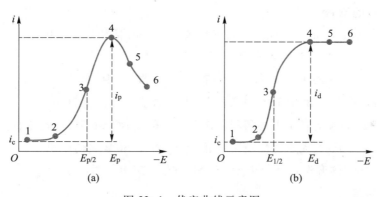

图 32-1　伏安曲线示意图

当电极电位在不发生电极反应的电位范围内变化时,没有物质的还原与消耗,产生的法拉第电流为零,此时在伏安曲线上呈现为残余电流曲线(如 1—2 段)。当电极电位超过物质发生反应的临界电位时,发生还原反应,产生还原电流,由于此时电极表面物质的初始浓度较大,有足够的物质供给消耗,因此随着电极电位负移,还原电流逐渐增大(如 2—4 段)。随着电极表面物质的持续消耗及扩散层的逐渐增大,在临界电位下,电活性物质的表面浓度趋近于零,达到完全的浓差极化,扩散电流达到了极限扩散电流。随着电极电位的进一步负移(如 4—6 段),虽然物质的消耗速度继续增大,但由于扩散层厚度增大,此时虽然浓度差不变、但扩散传质距离加大,溶液中物质向电极表面的扩散供应速度反而降低,产生贫化效应,此时还原电流下降,形成"峰"形伏安曲线。

3. 计时电流法原理

这是一种在静置的电极上和未加搅拌的溶液中,向工作电极施加一个大的阶跃电位(一个无法拉第反应发生的电位跃至电极的表面电活性组分有效地趋于零的电位），记录电位阶跃下电极电流随时间变化关系的方法。

4. 开路电位法原理

光照时，半导体电极中产生的光生电子和光生空穴迅速分离，扩散至电极－溶液的界面，并建立双电层，而产生开路电压，此参数反映了光生载流子迁移到薄膜表面的电荷的多少。

三、主要试剂、器材及仪器

1. 试剂与器材

铜箔，NaOH，过硫酸铵，盐酸（0.3%），无水乙醇，电解液（0.5 mol·L^{-1}硫酸钠溶液），去离子水。石英电解池（透过率85%），烧杯，铂电极，镊子，容量瓶，银/氯化银电极。

2. 仪器

分析天平，超声波清洗机；真空干燥箱，管式炉，电化学工作站，氙灯。

四、实验步骤

1. 铜箔电极的制备

（1）将铜箔剪成 1 cm × 4 cm 大小，依次置于 10 mL 稀盐酸溶液中超声 5 min，10 mL 无水乙醇中超声 15 min，10 mL 去离子水中超声 5 min。

（2）称取 2.0 g NaOH 和 0.456 g 过硫酸铵于烧杯中，加入 20 mL 去离子水，超声 10 min，吸取 2 mL 上述溶液中于另一烧杯中，用去离子水稀释至 20 mL。

（3）将处理过的铜箔置于上述稀释的溶液中，静置 18 min 后，铜箔表面呈深蓝色，用镊子取出，依次用去离子水、无水乙醇清洗铜箔数次，置于 60℃烘箱中烘干。将铜箔置于管式炉中，以 1℃·min^{-1}的升温速率升温至 150℃，并煅烧 4 h。

2. 电解池的组装

以铜箔为工作电极，银/氯化银电极为参比电极，铂电极为辅助电极，将电化学工作站的工作电极引线、参比电极引线、辅助电极引线分别与电解池的工作电极、参比电极、辅助电极相连。

3. 电化学性能测试

（1）开路电位测试：设置合适的时间（根据材料的性能可设置为 400 s 左右），开始前保持照光状态，当曲线趋向平稳，迅速将挡光片放置于挡光位置，继续测试，直到曲线再次平稳即可停止实验。

（2）线性扫描伏安法：电位范围为－1～0.2 V，扫描速率为 0.01 V·s^{-1}，当曲线经过平稳期开始下降时，开启挡板，观察照光避光时曲线的变化。

（3）选择交流阻抗法：选择合适的电压值（设定在开路电位测试中曲线趋于平稳时的电压），频率范围设置为 0.1～100000 Hz，振幅设置为 0.01 V，持续照光和持续挡光分别测试，结束后对比两条曲线。

（4）选择计时电流法：选择在线性伏安曲线测试中电流变化较大、中等及较小的三个电压值,时间设置为 400 s 左右,当曲线噪声过大时可根据纵坐标电流值更改测试的电流范围,开始前将挡板处于挡光状态,待曲线稳定后开启旋转挡光板,观察照光避光时曲线的变化。

五、实验数据处理

（1）观察铜箔负载前后的变化。

（2）将电化学工作站中测试的各曲线提取数据,用 Origin 软件作出相应的曲线图,得到相应的电化学性能数据。开路电位法可通过拟合材料从照光到挡光这瞬间曲线的变化来得到材料中光生载流子迁移到薄膜表面电荷的多少;线性伏安曲线和时间-电流曲线根据在不同电压时材料照光避光的电流变化,可得材料中光生电子的多少;交流阻抗谱图通过拟合圆半径等数据可得到材料的阻抗及电荷电子的传输能力等。

六、实验注意事项

（1）在使用电化学工作站过程中必须严格按照操作规程进行操作,电解池三支电极都必须良好接通,如果要更换或处理电极必须停止外加电位。

（2）在电化学测试中,为了降低金属的电腐蚀对实验数据的影响,每次铜箔浸入电解液中的面积应尽量保持相同。如铜箔损耗严重,应及时更换。

（3）在使用电化学工作站时,电流挡应从高到低选择,否则实验数据会溢出或产生仪器过载现象。

七、思考题

（1）电化学测定方法的定义及其优缺点是什么?

（2）实验中采用的电化学测试的各种方法,可以体现氧化铜纳米线的什么性质?

（3）光的波长变化、电解液的改变是否会对电化学测试结果有影响?

（4）测量电化学性能时,为什么要选用三电极电解池?

（5）分析本实验成败的关键因素,并提出对本实验的改进意见和措施。

八、拓展与应用

纳米阵列材料,是在各种基底上制备出具有均匀排布结构的结构化材料,得益于其结构的特点,能达到进一步提升材料的比表面积、增加活性物质的负载量,以及暴露位点数量、加快在反应过程中物质或电子的传输速率等目的,因而这种结构化纳米阵列材料在多种领域有着出色的应用前景。

其中,三维多级纳米阵列材料由于其结构的多样性及性能优越性,已经成为了新型功能材料的重要组成部分,人们合成出各种各样的三维多级纳米阵列材料并应用于多种领域中。

三维多级纳米阵列材料往往具有较为复杂的微观形貌,通常表现为一维、二维纳米材料的组合结构,因此这种材料能够有效地将一维、二维纳米阵列材料的优势结合并进一步放大，从而赋予了材料在能量储存和转化、催化、光催化、吸附、气体传感和生物医学等多个方面的潜在应用价值。

参考书目及文献

思考题参考答案

实验 33　CuFe₂O₄ 纳米材料的制备及其光催化性能测试

一、实验目的

（1）了解并掌握 $CuFe_2O_4$ 纳米粒的制备及检测方法；

（2）掌握水热法合成材料的特点及操作方法；

（3）对光催化氧化还原反应有初步的了解和认识；

（4）掌握气相色谱–质谱联用仪的原理及分析方法。

二、实验原理

太阳能是绿色廉价的能源，为了节约资源保护环境，可以在条件苛刻或使用贵金属催化剂的有机反应中加入廉价的光催化剂。半导体光催化剂可以同时产生氧化和还原两种产物，它可以通过氧化或还原途径或通过两种途径的组合来合成有机化合物。本实验通过水热法直接使用两种金属盐离子制备双金属氧化物 $CuFe_2O_4$ 纳米粒，合成路径简单，绿色环保，且粒径只有 15 nm 左右。该纳米粒粒径极小，光照下利于电子–空穴分离，且具有较大的比表面积，为光催化氧化还原反应提供较多的活性位点，可以提高反应的速率。$CuFe_2O_4$ 半导体光催化剂可以参与苯甲醛还原为苯甲醇的反应，光照下具有很好的产率和选择性。本实验使用 GC–MS 定性定量地分析 $CuFe_2O_4$ 光催化还原苯甲醛的产物和产率。

1. 水热法的原理及特点

水热法是在特制的密闭反应容器里，以水溶液为反应介质，通过对反应容器加热，创造一个高温、高压的反应环境。水热法的原理是，在高温、高压下一些氢氧化物在水中的溶解度大于对应的氧化物在水中的溶解度，于是氢氧化物溶入水中的同时析出氧化物。水热法一般以氧化物或氢氧化物作为前驱体，它们在加热过程中的溶解度随温度升高而增大，最终导致溶液过饱和并逐步形成更稳定的氧化物新相。反应过程的驱动力是最后可溶的前驱体或中间产物与稳定氧化物之间的溶解度差。

2. CuFe₂O₄ 参与光催化反应

在磁性材料中，具有通式 MFe_2O_4 尖晶石型结构的纳米级铁氧体（$CuFe_2O_4$）易于合成，成本低，产量高，机械强度大且化学稳定，具有很强的光吸收转换能力，如今广泛地运用在光产氢、光电解水及光催化氧化还原反应中。光催化的原理是，当入射光的能量大于半导体本身的带隙能量时，在光的照射下半导体价带上的电子吸收光能而被激发到导带上，即在导带上产生带有很强负电性的高活性电子，同时在价带上产生带正电荷的空穴，从而产生具有很强活性的电子–空穴对，形成氧化还原体系，随后，激发的电子与空穴迁移到表面，分别与吸附在半导体表面的电子给体与电子受体反应，最后生成物从半导体表面脱去。半导体材料 $CuFe_2O_4$ 在可见光的照射下，将光能转换为化学能，形成电子–空穴对，通过吸附反应物苯甲醛完成有机化合物的氧化还原反应。但目前光催化反应仍面临着电子–空穴分离率低、复合快等问题，这些问题导致反应效率低。

3. 气相色谱-质谱联用仪(GC-MS)的原理

气相色谱法(gas chromatography,GC)是一种应用非常广泛的分离手段,它是以惰性气体作为流动相的柱色谱法,其分离原理是基于样品中的组分在两相间分配上的差异。质谱仪是通过对样品电离后产生的具有不同质荷比(m/z)的离子来进行分离分析的。先将待分析的样品变成气态,在具有一定能量(50~100 eV)的电子束轰击下,生成具有不同 m/z 的带正电荷的离子,在加速电场的作用下成为快速运动的粒子,进入质量分析器,这些粒子在电场与磁场作用下,按其 m/z 大小分开,进入分析器分离并得到 m/z 值及相对的丰度。

质谱系统一般由真空系统、进样系统、离子源、质量分析器、检测器和计算机控制与数据处理系统等部分组成。质谱仪的离子源、质量分析器和检测器必须在高真空状态下工作,以减少本底的干扰,避免发生不必要的分子-离子反应。质谱仪的高真空系统一般由机械泵和扩散泵或涡轮分子泵串联组成。虽然涡轮分子泵可在十几分钟内将真空度降至工作范围,但一般仍然需要继续平衡 2 h 左右,充分排除真空体系内存在的杂质(如水分、空气等),以保证仪器工作正常。

GC-MS 的进样系统由接口和气相色谱组成。接口的作用是使经气相色谱分离出的各组分依次进入质谱仪的离子源。

离子源的作用是将被分析的样品分子电离成带电荷的离子,并使这些离子在离子光学系统的作用下,汇聚成有一定几何形状和一定能量的离子束,然后进入质量分析器被分离。

质量分析器是质谱仪的核心,它将离子源产生的离子按 m/z 的不同,在空间位置、时间的先后或轨道的稳定与否进行分离,以得到按 m/z 大小顺序排列的质谱图。

检测器的作用是将来自质量分析器的离子束进行放大并进行检测,电子倍增检测器是GC-MS 中最常用的检测器。计算机控制与数据处理系统的功能是快速准确地采集和处理数据、监控质谱及色谱各单元的工作状态、对化合物进行自动地定性定量分析、按用户要求自动生成分析报告。

三、主要试剂、器材及仪器

1. 试剂与器材

$CuCl_2 \cdot 2H_2O$,$FeCl_3 \cdot 6H_2O$,2 mol·L^{-1} NaOH 溶液,柠檬酸三钠,N,N-二甲基甲酰胺(DMF),KOH,苯甲醇,N_2,去离子水,无水乙醇。100 mL 烧杯,药匙,磁子,聚四氟乙烯内衬,反应釜,离心管,石英反应瓶,1.0 μL 微量进样器,针管,气球。

2. 仪器

分析天平,加热搅拌台,电热恒温干燥箱,离心机,真空双排管,500 W 氙灯,气相色谱-质谱联用仪。

四、实验步骤

1. 水热法制备 $CuFe_2O_4$

在分析天平上分别称取 0.826 g $FeCl_3 \cdot 6H_2O$ 和 0.2557 g $CuCl_2 \cdot 2H_2O$,置于 30 mL 烧杯中,然后加入 100 mL 去离子水溶解。加入磁子放在加热搅拌台上搅拌,设置温度为

50℃,到达 50℃时,加入 1.323 g 柠檬酸三钠,继续搅拌直至溶解,溶液澄清呈绿色。用 2 mol·L⁻¹ NaOH 溶液调节 pH 至 12,然后转移到 50 mL 聚四氟乙烯内衬的反应釜中,放入 180℃烘箱中加热 8 h。反应结束后,将温度降至室温,取出,分别用去离子水和无水乙醇离心洗涤三次,室温下干燥。

2. CuFe₂O₄ 参与光催化苯甲醛的还原反应

将 30 mg CuFe₂O₄、5 mL DMF、0.1 mL 苯甲醇、微量 KOH 和磁子置于石英反应瓶中,先密封抽真空,再插上 N₂ 气球,使反应处于 N₂ 氛围。混合均匀后放到光照搅拌台上。使用 500 W 氙灯(λ>420 nm)作为光源,调控光强为 100 mW·cm⁻²,光照下搅拌反应 3 h。随后离心将固体催化剂与溶液分离。留下的液体放入 60℃烘箱中,将体积浓缩到 1 mL 左右。

3. 气相色谱−质谱联用仪检测

设置分析条件:使用 PEG-20M 毛细管色谱柱,在工作站中设置 GC-MS 的参数条件,柱箱升温程序:起始温度设置 60℃,保留 1 min,10℃·min⁻¹ 的速率升温至 206℃,保留 1 min 后,15℃·min⁻¹ 的速率升温至 250℃,进样口温度 250℃,EI 源 240℃,气质接口 250℃,保存并调用程序,待仪器就绪后设定数据路径、数据文件名称、样本信息等,使用微量注射器注入 1 μL 待测液体,开始进样采集数据。

五、实验数据处理

(1)观察得到的 CuFe₂O₄ 产物。

(2)分析得到的 GC-MS 谱图,判断有哪几种产物,并计算反应的产率和选择性。

六、实验注意事项

(1)加入光催化反应的 CuFe₂O₄ 样品需要研磨细致,使光催化剂与反应物充分接触。

(2)光催化苯甲醛还原反应要处于无氧环境。

(3)在进样过程中,液体样品要保证无水,pH 约为中性。

七、思考题

(1)GC-MS 中,为什么质谱系统需要真空?

(2)GC-MS 谱图中各个保留时间代表什么?色谱峰面积代表什么?色谱柱该如何选择?

(3)光催化剂材料的光催化性能受什么因素影响?试列举几种调控方法。

(4)试分析光催化剂 CuFe₂O₄ 在该反应的作用。如何参与反应?

(5)分析本实验成败的关键因素,提出对本实验的改进意见和措施。

八、拓展与应用

纳米技术是一门多学科交叉的、基础研究和应用开发紧密联系的高新技术,如纳米生物学、纳米电子学、纳米化学、纳米材料学和纳米机械学等新学科。纳米不仅是一个空间尺度上的概念,而且是一种新的思维方式,即生产过程越来越细,以至于在纳米尺度上直接由原

134　　子、分子的排布制造具有特定功能的产品。纳米材料的定义,狭义上是原子团簇、纳米颗粒、纳米线、纳米薄膜、纳米碳管和纳米固体材料的总称;广义上把组成相或结构的尺寸控制在100 nm 以下的材料称为纳米材料。如果按维数,纳米材料的基本单元可以分为三类:零维,指在空间三维尺度均在纳米尺度,如纳米尺度颗粒、原子团簇等;一维,指在空间有两维处于纳米尺度,如纳米丝、纳米棒、纳米管等;二维,指在三维空间中有一维在纳米尺度,如超薄膜,多层膜。对于超晶格等,因为这些单元往往具有量子性质,所以对零维、一维和二维的基本单元分别又有量子点、量子线和量子阱之称。

　　纳米材料在高科技领域的应用:

　　(1) 能源新型光电转换、热电转换材料;高效太阳能转换材料及二次电池材料;纳米材料在海水产氢中的应用。

　　(2) 光催化有机物降解材料;保洁抗菌涂层材料;生态建材、处理有害气体减少环境污染的材料。

　　(3) 功能涂层材料(具有阻燃、防静电、高介电、吸收散射紫外光和不同频段的红外吸收、反射及隐身涂层)。

　　(4) 电子和电力工业材料;新一代电子封装材料;厚膜电路用基板材料;各种浆料;用于电力工业的压敏电阻、线性电阻、非线性电阻和避雷器阀门;新一代的高性能 PTC、NTC 和负电阻温度系数的纳米金属材料。

　　(5) 用于大屏幕平板显示的新型发光材料,包括纳米稀土发光材料。

　　(6) 超高磁能第四代稀土永磁材料。

参考书目及文献

思考题参考答案

实验 34　氯氧化铁纳米片的合成及其光催化性能测试

一、实验目的

（1）了解氯氧化铁的结构及性能；
（2）了解芬顿氧化反应基本原理；
（3）掌握光催化实验的基本流程和操作方法，掌握紫外-可见分光光度计的工作原理；
（4）掌握光催化性能数据的处理方法。

二、实验原理

1. FeOCl 的结构及制备原理

FeOCl 具有层状结构（见图 19-1），层间靠范德华力结合，层结构中的子段为 Cl—Fe—O—Fe—Cl，同层的氯原子中间堆积着两层扭曲的八面体结构的 $cis-[FeCl_2O_4]$。FeOCl 表面独特的（O—Fe—Cl）或（O—Fe—O）线形构型具有较高的配位不饱和 Fe 位点分布，能够有效促进 H_2O_2 的单电子转移活化，有利于 H_2O_2 分解形成羟基自由基（HO·），促使有机污染物分解。FeOCl 活化 H_2O_2 生成羟基自由基（HO·）的能力高于其他铁（氢）氧化物 1~3 个数量级，可作为一种新型非芬顿（Fenton）催化剂实现水中污染物的快速降解。

以 $FeCl_3 \cdot 6H_2O$ 为前驱体，通过加热使氯化铁与自身的结晶水反应，再通过 HCl 脱除可生成 FeOCl。50~250℃时氯化铁水合物先失去部分水分子形成含有两个水分子的氯化铁水合物，加热分解生成含一个水分子的氯氧化铁，再加热分解生成氯氧化铁。反应方程式如下：

$$FeCl_3 \cdot xH_2O(s) \longrightarrow FeCl_3 \cdot 2H_2O(s) + (x-2)H_2O(g)$$

$$FeCl_3 \cdot 2H_2O(s) \longrightarrow FeOCl \cdot H_2O(s) + 2HCl(g)$$

$$FeCl_3 \cdot H_2O(s) \longrightarrow FeOCl(s) + H_2O(g)$$

2. 芬顿氧化反应基本原理

芬顿氧化反应即利用 Fe 基材料活化 H_2O_2 生成羟基自由基（HO·）等高氧化性的活性氧物种（ROS），氧化大分子有机物，将其降解成小分子有机物或矿化成为 CO_2 和 H_2O 等无机污染物，实现污染物的氧化降解，芬顿氧化反应作为一种主要的高级氧化工艺（advanced oxidation process，AOP）在工业废水、土壤修复等领域具有重要的意义。

3. 紫外-可见分光光度计的工作原理

当光作用在物质上时，一部分被表面反射，另一部分被物质吸收。用紫外-可见分光光度计可以得到材料在紫外-可见光区的对紫外光和可见光的吸收光谱曲线。通过该曲线可以判断材料在紫外-可见光区的光学特性，为材料的应用作指导。例如，如具有高的紫外光吸收性能，则可作为保温吸热材料；如具有高的紫外光反射特性，则可作为好的抗老化材料。

紫外-可见分光光度计利用的是朗伯-比尔定律，即当一束平行单色光通过含有吸光物质的稀溶液时，溶液的吸光度与吸光物质浓度和液层厚度的乘积成正比，即

$$A = abc \qquad\qquad (34-1)$$

式中，A 为吸光度；

　　a 为吸光系数，与吸光物质的本性、入射光波长及温度等因素有关；

　　b 是光路长度，即透光液层厚度；

　　c 为吸光物质浓度。

紫外-可见分光光度计包括五个基本组成部分，即光源、单色器、吸收池、检测器及信号检测系统（如图 34-1 所示）。

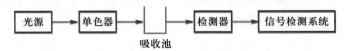

图 34-1　紫外-可见分光光度计的基本结构示意图

三、主要试剂、器材及仪器

1. 试剂与器材

$FeCl_3 \cdot 6H_2O$，丙酮，罗丹明 B，20 mmol·L^{-1} H_2O_2 水溶液，冰乙酸。茄形瓶，石英比色皿，烧杯，双端 500 W 双端卤钨灯，烧杯，磁子，普通镊子。

2. 仪器

恒温鼓风干燥箱，真空干燥箱，旋转蒸发仪，台式高速离心机，超声波水浴仪，分析天平，集热式恒温加热磁力搅拌器，紫外-可见分光光度计，pH 计。

四、实验步骤

1. FeOCl 的制备

称取 5 g $FeCl_3 \cdot 6H_2O$ 于茄形瓶中，再将茄形瓶放置于 50℃的水浴中直至 $FeCl_3 \cdot 6H_2O$ 完全熔化成液态。所用的油浴先预热至一定温度（200℃），再将茄形瓶装到旋转蒸发仪上，启动循环水泵将真空抽至-0.1 MPa。随后将茄形瓶浸入油浴中，保温一定时间（1 h），再将茄形瓶移出油浴自然冷却。取出茄形瓶中的粉末，用丙酮除去未反应完的金属氯化物或其水合物。所得到的样品粉末在真空干燥箱中 60℃下干燥 24 h。降温后将样品粉末在氩气下密封后保存至手套箱中。

2. 光催化实验

以有机染料罗丹明 B 作为污染物底物对制备所得催化剂的性能进行测试。称取 0.15 g 催化剂投入装有 300 mL 100 mg·L^{-1} RhB 溶液的烧杯中，调节 pH 至 4.5（冰乙酸调节，pH 计确定），在暗处采用磁力搅拌器搅拌 1 h，以使催化剂达到吸附-脱附平衡。以 500 W 双端卤钨灯作为可见光源对模拟废水进行脱色处理，并保持可见光源与烧杯中溶液液面的距离为 12 cm，然后滴加一定量的 H_2O_2 水溶液，并记录为初始时刻。在反应过程中每间隔 10 min 取样，采用离心法（5 mL 离心管在 5000 r·min^{-1}下转 5 min），取上层清液在 554 nm 波长处测定 RhB 溶液的吸光度，并计算溶液脱色率。直至上层溶液变无色透明。

3. 紫外-可见分光光度计测试待测溶液的吸收光谱

首先在使用前先确认仪器和计算机的工作电源状态,检查仪器样品室(应无遮挡光路的物品)。确认后先开启计算机,然后开启仪器电源,待分光光度计外侧的指示灯显示绿色时,启动计算机桌面上的 UVPROBE 程序。先进行基线校正(在开机后进行一次),波长设置为 500~600 nm,再自动调零,可得到最正确的基线。测定待测溶液,设置使用参数,确定扫描波长范围。保存数据(打印数据,附在实验报告上)。测试完毕后,关闭紫外-可见分光光度计,关闭计算机,清理桌面。

五、实验数据处理

本次实验以 RhB 的脱色率作为衡量催化剂光催化性能的标准,将不同时刻 554 nm 波长处测定的 RhB 溶液的吸光度数据记录下来,RhB 的脱色率计算公式如下:

$$D = (c_0 - c_t)/c_0 \times 100\% = (A_0 - A_t)/A_0 \times 100\% \tag{34-2}$$

式中,D 是脱色率;

　　c_0 是零时刻 RhB 溶液的浓度;

　　c_t 是反应时间为 t 时 RhB 溶液的浓度;

　　A_0 是零时刻 RhB 溶液的吸光度;

　　A_t 是反应时间为 t 时 RhB 溶液的吸光度。

以时间为横坐标,RhB 的脱色率为纵坐标,绘制不同时间时 RhB 的脱色率曲线(如图 34-2所示)。

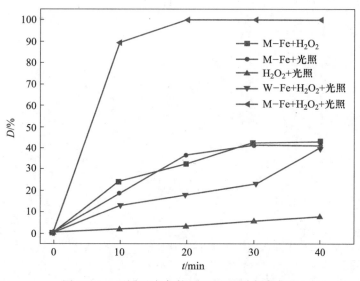

图 34-2　不同反应条件下 RhB 的脱色率曲线

六、实验注意事项

(1)吸附平衡时,需置于避光处搅拌。

(2)取样后应及时测定待测溶液的吸收光谱。

138

七、思考题

（1）催化剂分为均相催化剂和非均相催化剂，两者区别是什么？FeOCl 属于哪一种？

（2）非均相芬顿催化剂的优点有哪些？

（3）紫外-可见分光光度计测试时所用的比色皿一般由什么材料制成？做实验时如何选择比色皿材料？

（4）测试时为什么使用参比池？怎么选择参比溶液？

参考书目及文献

思考题参考答案

第四章

其他实验

实验 35 三维石墨烯宏观组装结构的化学气相沉积法制备

一、实验目的

(1) 掌握三维石墨烯宏观组装结构的化学气相沉积法制备方法和原理；

(2) 了解三维石墨烯宏观组装结构的结构特点。

二、实验原理

以泡沫镍为硬模板，通过化学气相沉积法（CVD）可以制备三维石墨烯宏观组装结构，其原理为：以乙醇为碳源，H_2 为还原性气体，通过高温裂解乙醇，使生成的碳原子在泡沫镍三维骨架上成核、生长形成石墨烯；在去除模板过程中，以 PMMA 薄膜为保护层，避免刻蚀泡沫镍模板时破坏石墨烯的组装结构；最后去除 PMMA，得到如图 35-1 中具有多孔结构的三维石墨烯宏观组装结构。

图 35-1 三维石墨烯宏观
组装结构示意图

三、主要试剂、器材及仪器

1. 试剂与器材

泡沫镍（密度约为 380 g·m^{-2}，厚度约为 1.6 mm），聚甲基丙烯酸甲酯（PMMA，$M_w = 996000$），苯甲醚，0.5mol·L^{-1}盐酸，丙酮，无水乙醇，去离子水，三氯化铁（$FeCl_3$）。

2. 仪器

分析天平，单区管式炉，真空烘箱，加热搅拌台，超声波清洗机，鼓泡器。

四、实验步骤

1. 泡沫镍的预处理

将泡沫镍裁成 1 cm × 2 cm 大小，分别用 0.5 mol·L^{-1}盐酸、丙酮、去离子水超声洗涤

5 min,去除表面的氧化物与附着的有机物。清洗结束后,60℃真空干燥。

2. 石墨烯/泡沫镍的制备

制备过程参照图 35-2。首先在鼓泡器中填充 20 mL 乙醇,将石英管放入管式炉,在石英管中放入清洗后的 2~3 片泡沫镍并使其处于加热中心区域,接好两端气路,通入氩气(100 sccm①)30 min 以排尽管式炉管路中残留的空气;之后以 1000 sccm 的流速通入氢气和氩气的混合气体(H_2 体积分数为 5%),以 20℃·min^{-1} 的速率升温至 800℃,保温 20 min;最后以 20℃·min^{-1} 的速率将管式炉温度升温至 900℃,将 H_2/Ar 混合气体(100 sccm)通入乙醇鼓泡器,以引入碳源,持续 15 min;结束后,转动双通阀,使 H_2/Ar 混合气体不经过鼓泡器直接进入石英管,小心移动石英管使泡沫镍离开管式炉的加热中心区域,快速降温,待管式炉降至室温后,停止通入 H_2/Ar 混合气体,拆除装置,取出石墨烯/泡沫镍样品。

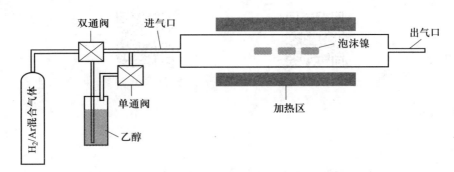

图 35-2　CVD 法制备三维石墨烯/泡沫镍结构示意图

3. 硬模板泡沫镍的去除

配制 PMMA 溶液:将 4.5 g PMMA 溶解在 100 g 苯甲醚中;再将制备的石墨烯/泡沫镍完全浸入上述溶液中,均匀包裹一层 PMMA,取出并放置于通风柜中待自然干燥,然后在加热台上于 180℃下保持 60 min,得到 PMMA/石墨烯/泡沫镍;最后配制 1 mol·L^{-1} $FeCl_3$ 和 2 mol·L^{-1} HCl 的混合溶液,将 PMMA/石墨烯/泡沫镍放入溶液中,在 50℃水浴中 3 h 去除泡沫镍,反应结束后用去离子水洗涤至中性,再在 60℃真空烘箱中保持 2 h,得到 PMMA/石墨烯。

4. 支撑层 PMMA 的去除

参考石墨烯/泡沫镍的 CVD 法制备过程,在石英管中放入清洗后的 PMMA/石墨烯,通入 H_2/Ar 混合气体(H_2 体积分数为 5%)30 min,排尽管式炉管路中残留的空气;再将石英管放入管式炉加热中心区域,以 20℃·min^{-1} 的速率升温至 500℃,保温 60 min;保温结束降至室温后,关闭气路,拆除装置,即可得到三维石墨烯宏观组装结构。

五、实验注意事项

(1)降温过程中,需进行快速降温,使溶解于金属内部的碳原子在泡沫镍表面快速析出

---

① sccm 表示体积流量,即每分钟标准毫升数。

142 形成石墨烯。

（2）去除支撑层 PMMA 后得到的三维石墨烯泡沫质轻且易碎，收集样品时需谨慎。

六、思考题

（1）相比于二维石墨烯纳米片，三维石墨烯宏观组装结构具有哪些优点？

（2）如何判定硬模板泡沫镍去除完全？

（3）比较各种制备三维石墨烯宏观组装结构方法的优缺点。

（4）列举三维石墨烯宏观组装结构的应用。

（5）由上述 CVD 法制得的三维石墨烯通常具有较强的疏水性，如何提高亲水性，使其在电池、电催化等领域具有更好的应用？

参考书目及文献

思考题参考答案

实验 36　化学气相沉积法合成石墨烯薄膜及其转移

一、实验目的

（1）掌握 CVD 法制备石墨烯的基本原理和方法；
（2）了解石墨烯薄膜转移的方法。

二、实验原理

化学气相沉积法（CVD）制备石墨烯是碳源（乙醇、甲烷等）在高温下分解后在金属基底（Ni、Cu 等）表面成核并生长成石墨烯薄膜的过程。

CVD 法制备石墨烯的机制一般可分为渗碳析碳机理和表面生长机理。镍等对碳溶解度高的金属催化剂遵循渗碳析碳机理[见图 36-1(a)]，碳源在高温条件下分解形成的含碳物质会扩散到金属表面，部分渗入金属内部，在快速降温过程中，金属对碳溶解度急剧下降，金属体相内溶解的碳迁移到金属表面，析出成核、生长、形成石墨烯薄膜。铜等对碳溶解度较低的金属遵循表面生长机理[见图 36-1(b)]，渗入金属内部的碳原子较少，气态碳源裂解后在金属表面上催化成核，石墨烯晶区沿金属表面方向生长并相互连接形成石墨烯薄膜。基于上述两种 CVD 法石墨烯生长机理，多层石墨烯薄膜易在镍等对碳溶解度高的金属基底上形成，而铜等对碳溶解度低的金属基底在其催化形成一层石墨烯后，因石墨烯覆盖隔离基底导致其催化分解碳源受限，倾向于得到单层或少层石墨烯薄膜。本实验采用铜箔为金属基底来合成石墨烯薄膜。

金属基底的存在会局限石墨烯薄膜的应用范围，因此制备的石墨烯薄膜通常需要后续转移处理。石墨烯薄膜的转移采用湿化学刻蚀方法，采用聚甲基丙烯酸甲酯（PMMA）为石墨烯薄膜的支撑层，过硫酸铵水溶液为刻蚀试剂，先分离金属基底与石墨烯，再用丙酮溶解 PMMA 支撑层，得到游离的石墨烯薄膜，最后转移到目标衬底上，完成石墨烯薄膜的转移。

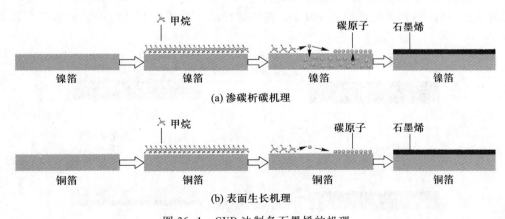

图 36-1　CVD 法制备石墨烯的机理

三、主要试剂、器材及仪器

1. 试剂与器材

铜箔,聚甲基丙烯酸甲酯(PMMA,M_w = 996000),苯甲醚,0.5 mol·L⁻¹盐酸,丙酮,无水乙醇,去离子水,过硫酸铵。

2. 仪器

分析天平,管式炉,真空烘箱,加热搅拌台,超声波清洗机,旋涂仪。

四、实验步骤

1. 铜箔的预处理

将铜箔(厚度为 25 μm)裁成 1 cm × 2 cm 大小,分别用 0.5 mol·L⁻¹盐酸、丙酮、去离子水超声洗涤 5 min,去除表面的氧化物与附着的有机化合物。清洗结束后,在 60℃ 下真空干燥。

2. 化学气相沉积法制备石墨烯

将经预处理的铜箔放置在石英管(直径为 2 in,1 in 约为 5 cm)中部,接好两端气路,通入氩气(100 sccm)30 min 以排尽管路中残留的空气;将石英管放入管式炉中,使铜箔处于加热中心区域,以 1000 sccm 的流速通入氩气和氢气的混合气体(H₂ 的体积分数为 5%),以 20℃·min⁻¹的速率升温至 1000℃,保温 20 min;通入甲烷气体(10 sccm)开始生长石墨烯,30 min 后,停止通入甲烷气体,小心移动石英管使铜箔离开管式炉的加热中心区域,快速降温,待管式炉降至室温后,停止通入 H₂/Ar 混合气体,拆除装置,取出样品。

3. 石墨烯薄膜的转移

具体过程如图 36-2 所示。以苯甲醚为溶剂,配制浓度为 20 mg·mL⁻¹的 PMMA 溶液;将覆盖有石墨烯的铜箔放置在旋涂仪吸盘正中央位置,滴加 20 μL PMMA 溶液,以 4000 r·min⁻¹的转速旋转 30 s,在通风柜中,放置在加热台上于 180℃下保持 60 min;将上述涂敷PMMA的石墨烯/铜箔,用砂纸打磨背面后放置在 20 mL 质量分数为 3%的过硫酸铵水溶液中,1~2 h 后铜箔完全溶解,得到无色透明的 PMMA/石墨烯样品。使用盖玻片将样品转移到干净的去

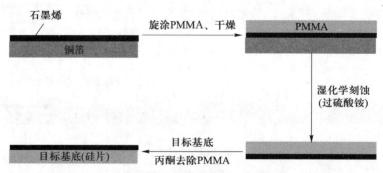

图 36-2　石墨烯薄膜转移流程图

离子水中,并更换 3 次去离子水,以除去石墨烯中残留的过硫酸铵刻蚀液;最后用目标衬底(如硅片)将 PMMA/石墨烯样品从去离子水中捞出,操作过程中要缓慢,确保样品平整地贴合在目标衬底上,待自然干燥后,缓慢浸入丙酮中,每隔 30 min 用滴管更换丙酮,更换 3 次后取出样品,自然干燥,完成石墨烯薄膜的转移过程。

五、实验注意事项

（1）预处理铜箔时,洗涤试剂需完全没过铜箔,并用保鲜膜封住烧杯口防止污染。

（2）在化学气相沉积法制备石墨烯的过程中,需将铜箔处对应的石英管放置于管式炉加热区域的中央以确保石墨烯生长温度为 1000℃。

六、思考题

（1）CVD 法制备石墨烯的三个组成因素是什么?

（2）简要概括 CVD 法制备石墨烯的机理。

（3）比较各种制备石墨烯纳米片方法的优缺点。

（4）石墨烯薄膜转移的方法有哪几种?

（5）如何表征制备得到的石墨烯的层数?

参考书目及文献

思考题参考答案

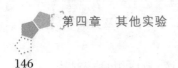
实验 37　卤化物钙钛矿纳米晶的合成及其光学性能研究

一、实验目的

（1）掌握卤化物钙钛矿纳米晶的合成方法；

（2）了解卤素离子对钙钛矿纳米晶光学性能的影响；

（3）掌握荧光光谱仪的基本原理和仪器的操作方法。

二、实验原理

卤化物钙钛矿作为一种新型半导体材料因其优异的光电性质，近年来在光电材料与器件领域有着广泛的应用。其化学通式为 ABX_3，其中 A 为一价有机或金属阳离子［如 $CH_3NH_3^+$（甲铵）、$NH(CH_2)_2^+$（甲脒）、Cs^+］，B 为二价金属阳离子（如 Pb^{2+}、Sn^{2+}），X^- 为卤素阴离子（如 Cl^-、Br^-、I^-）。卤化物钙钛矿的晶体结构见图 37-1。钙钛矿纳米晶因其光学性能可调性强及低温溶液法制备等优势，在半导体光电器件如发光二极管中有着广泛的应用前景。

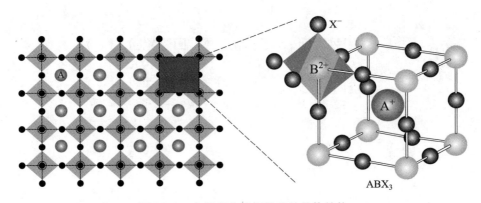

图 37-1　金属卤化物钙钛矿的晶体结构

本实验采用配体辅助再沉淀法合成甲铵基 $CH_3NH_3PbX_3$ 钙钛矿纳米晶，其中配体采用油胺、油酸分子，用来稳定钙钛矿纳米胶束粒子。该方法利用在不同极性的溶剂中钙钛矿溶解度的差异，在油胺、油酸配体的辅助下，在室温下合成不同卤素成分的钙钛矿纳米晶，其总反应式如下：

$$CH_3NH_3X + PbX_2 \longrightarrow CH_3NH_3PbX_3$$

其中甲基卤化铵 CH_3NH_3X 和卤化铅 PbX_2 作为钙钛矿合成前驱体溶解于极性溶剂 N,N-二甲基甲酰胺（DMF）中，并加入油胺、油酸配体，形成钙钛矿纳米晶合成的前驱液。在将其缓慢滴加到低极性溶剂甲苯的过程中，由于钙钛矿在低极性溶剂中的溶解度较低，钙钛矿晶体会逐渐析出，在配体的辅助下可降低小晶粒的表面能，以形成钙钛矿纳米晶。

由于钙钛矿的能带边结构受其中卤素离子 X 组分的影响，通过改变 CH_3NH_3X 和 PbX_2

中卤素离子 X 的组分,可制备出具有不同禁带宽度的钙钛矿纳米晶。金属卤化物钙钛矿材料中卤素离子在易发生离子交换行为,因此可通过混合不同组分的钙钛矿纳米晶溶液制备具有混合卤素组分的钙钛矿纳米晶,以实现发光波段可调的系列钙钛矿纳米晶。荧光光谱仪可用来测定钙钛矿纳米晶的发光波段和相关光学性质,其由光源、激发光源、发射光源、样品池、检测器、显示装置等组成。半导体化合物中荧光的产生是因为物质吸收光子后,价带中的电子被激发到导带中,在价带中留下空穴,所产生的电子空穴对复合过程中再发射光子。荧光光谱包括激发光谱和发射光谱两种,发射光谱是某一固定波长的激发光作用下荧光强度在不同波长处的分布情况,也就是荧光中不同波长的光成分的相对强度。由钙钛矿纳米晶的荧光发射光谱可估算其禁带宽度大小、获得纳米晶中缺陷态密度高低的相关信息。

三、主要试剂、器材及仪器

1. 试剂与器材

甲基溴化铵(CH_3NH_3Br),甲基氯化铵(CH_3NH_3Cl),溴化铅($PbBr_2$),氯化铅($PbCl_2$),油胺,油酸,甲苯,N,N-二甲基甲酰胺(DMF),二甲基亚砜(DMSO)。磁子,20 mL 烧杯或玻璃瓶,滴管,离心管。

2. 仪器

分析天平,磁力搅拌器,离心机,紫外灯,荧光光谱仪。

四、实验步骤

1. $CH_3NH_3PbBr_3$ 钙钛矿纳米晶的制备

称量 0.2 mmol CH_3NH_3Br 和 0.2 mmol $PbBr_2$,溶解于 5 mL DMF 溶剂中,加入 20 μL 油胺和 0.5 mL 油酸,混合均匀。取 10 mL 甲苯于放有磁子的烧杯中,将烧杯置于磁力搅拌器上,在剧烈搅拌下逐滴加入制备好的 DMF 钙钛矿前驱液。滴加完成后可观察到绿色溶液的形成,在紫外灯照射下可发出绿色的荧光,即形成了钙钛矿纳米晶。取部分 $CH_3NH_3PbBr_3$ 钙钛矿纳米晶溶液于离心管中,7000 r·min^{-1} 下离心 10 min,即可除去团聚的大颗粒钙钛矿纳米晶,取出上清液即可得到尺寸均匀分散的钙钛矿纳米晶。

2. $CH_3NH_3PbBr_{3-x}Cl_x$ 混合卤素钙钛矿纳米晶的制备

将步骤 1 中的部分 $PbBr_2$ 或 CH_3NH_3Br 替代为当量的 $PbCl_2$ 或 CH_3NH_3Cl(当 $PbCl_2$ 的加入量较多时可补充适量 DMSO 直到 $PbCl_2$ 能完全溶解于 DMF 中),其他同步骤 1,滴加完毕后可形成白色到浅绿色的 $CH_3NH_3PbBr_{3-x}Cl_x$ 混合卤素钙钛矿纳米晶溶液(Cl 的量越多,颜色越浅,在紫外灯照射下发出的荧光的波长越短),通过改变 Cl 的加入量制备具有不同 x 值的 $CH_3NH_3PbBr_{3-x}Cl_x$ 混合卤素钙钛矿纳米晶,并离心纯化得到尺寸均匀分散的纳米晶。

3. 钙钛矿纳米晶的光学性质及离子交换行为研究

将所制备的系列钙钛矿纳米晶溶液加入比色皿中,用荧光光谱仪测定其发射光谱,激发波长设置为 350~450 nm,发射波长范围设定为 450~600 nm,以得到完整的荧光发射光谱。

取适量步骤 1、2 中制备并纯化好的 $CH_3NH_3PbBr_3$ 和 $CH_3NH_3PbBr_{3-x}Cl_x$,按一定体积比混合均匀,等待 30 s 左右以保证离子交换完全,测定溶液的荧光发射光谱。

五、实验数据处理

（1）用 Origin 软件处理荧光发射光谱图，以波长为横坐标，荧光强度为纵坐标，绘制所制备的钙钛矿纳米晶溶液的荧光发射光谱图，分别标出发射峰的位置和半峰宽，并比较不同组分的钙钛矿纳米晶的发射峰所对应的波长。

（2）比较离心纯化前后 $CH_3NH_3PbBr_3$ 钙钛矿纳米晶的荧光发射光谱图的区别。

（3）用 Origin 软件处理离子交换后的钙钛矿纳米晶溶液的荧光发射光谱图，并与混合前的两种钙钛矿纳米晶溶液的荧光发射光谱图对比。

六、实验注意事项

（1）逐滴滴加 DMF 钙钛矿前驱液时，一定要剧烈搅拌甲苯。

（2）离心时一定要注意对称平稳。

（3）吸取离心后的上层清液时，应轻拿轻放，避免剧烈晃动离心管而造成沉淀的再分散。

七、思考题

（1）为什么离心纯化前后 $CH_3NH_3PbBr_3$ 钙钛矿纳米晶的荧光发射光谱图有明显区别？

（2）为什么要在剧烈搅拌下慢慢向甲苯中滴加 DMF 钙钛矿前驱液？

（3）金属卤化物钙钛矿纳米晶的荧光发射光谱的半峰宽与哪些因素有关？

（4）为什么金属卤化物钙钛矿可发生快速的卤素离子交换反应？

（5）为什么 Cl 的比例越高，钙钛矿纳米晶的荧光发射波长越短？

参考书目及文献

思考题参考答案

实验 38　基于多孔生物质碳的太阳能界面蒸发器

一、实验目的

（1）了解界面蒸发的基本原理；
（2）掌握实验室生物质碳化的方法；
（3）了解生物质碳材料的各种性能在界面蒸发中的作用；
（4）了解界面蒸发的测试方法和数据处理。

二、实验原理

1. 界面蒸发

在传统的利用太阳能进行的海水淡化中，通常是将太阳光直接照射在海面上。一方面，一部分光通过反射透射的形式没有被海水吸收，从而导致了较低的光利用率；另一方面，这种直接照射方式产生的热量会传递到整个水体，而蒸发是发生在液体表面的汽化现象，从而导致蒸发效率较低。近年来，低能耗、高效率的界面太阳能蒸发获得了研究者们广泛的关注。界面蒸发，即将热量集中在水-空气界面处，从而最大程度地提高蒸发效率。实现界面蒸发需要具备三个基本条件：（1）高效的太阳光吸收能力；（2）具有输水通道，使水源源不断地输送到蒸发界面；（3）具有隔热能力，减少热损失，提高蒸发效率。如图 38-1 所示，超亲水的多孔生物质碳借助一块绝热的泡沫漂浮在水面上。水在毛细作用下自下而上运输到多孔生物质碳的上表面，在高效的光热转换下变为水蒸气逸出。

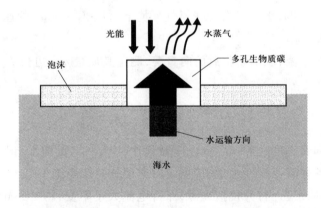

图 38-1　基于多孔生物质碳界面蒸发器示意图

2. 光热转换材料

常用的光热材料主要有等离子金属、半导体及碳材料等。等离子金属的光热机理是，当入射光的频率和金属中自由电子的共振频率相匹配时，金属纳米粒子对这部分光会有很强的消光作用，即产生局域表面等离子体共振效应。这部分光子能量可以被金属纳米粒子吸收或散射，其中被吸收的能量主要转化为热的形式释放和利用，产生光热效应。对半导体材

150

料而言,起作用的主要是电子-空穴机制,当入射光的能量能与半导体的带隙能量相近时,电子会从价带跨过禁带跃迁到导带上去,从而在价带上产生空穴,产生电子-空穴对。最后,多余的光子能量可以通过热化过程以热能的形式释放。对于碳材料,大多数单键的 σ 和 σ^* 之间的能隙较大,对应吸收太阳光光谱中波长 350 nm 以下的光。而 π 与 π^* 的能隙通常要比单键的小,并且随着共轭键数目的增加,能隙会越来越小,造成吸收光谱的红移,覆盖整个太阳光谱带。通过晶格振动或声子散射将光能转变为热能。

生物质是自然界最丰富的资源之一,具有天然的多孔结构,并富含 C、N、O 等元素。碳化后一方面其孔结构能够得到保持,另一方面其表面保留了大量的亲水性基团,因此碳材料成为界面蒸发的最佳材料之一。本实验以碳化向日葵为例,探究其在海水淡化过程中的界面蒸发行为。

三、主要试剂、器材及仪器

1. 试剂与器材

向日葵花盘、海盐晶。聚苯乙烯泡沫,250 mL 烧杯。

2. 仪器

OTF-1200X 管式炉,PLS-SXE300 +/UV 太阳光模拟器(模拟光源),PL-MW2000 光功率计,分析天平,量筒。

四、实验步骤

(1)将准备好的向日葵花盘清洗干净后在 50℃ 下烘干 12 h。将烘干的向日葵花盘切成正方形,记录其质量 m_1、边长 L_1、厚度 H_1。随后将样品放入管式炉。将管式炉内抽到真空后,充氮气至 101.325 kPa,重复三次。在氮气环境下,以 5℃·min^{-1} 的速率升温到 600℃,碳化 1h,尾气通入碱水中。

(2)自然冷却至室温,取出碳化后的向日葵,测量其质量 m_2、边长 L_2、厚度 H_2,并计算其变化率。

$$\delta_m = \frac{m_2}{m_1}, \quad \delta_L = \frac{L_2}{L_1}, \quad \delta_H = \frac{H_2}{H_1} \tag{38-1}$$

(3)测量碳化向日葵的孔隙率。首先向量筒中注入一定量的水,记录其体积 V_0。随后将干燥的碳化向日葵轻轻浸没在水中,待稳定后记录其总体积 V_1。

(4)光照强度的校准。打开模拟光源,保持电流大小不变,将 PL-MW2000 光功率计放置于光源正下方,调节光源与光功率计之间的距离 s,使得光功率计所在位置的光强 I 为 1000 W·m^{-2}。光强 I 的计算公式为

$$I = \frac{P_D}{0.25\pi d^2 \cdot \alpha} \tag{38-2}$$

式中,P_D 为直接测得的光功率,即光功率计的读数;

d 为光功率接收器的直径;

α 为光筛系数,本仪器的光筛系数为 2.90。

（5）将 3.2 g 海盐晶与 100 mL 蒸馏水置于 250 mL 烧杯中,搅拌至溶解。随后将烧杯放在分析天平上,将模拟光源放在烧杯正上方,调节水面至光源的距离为 s。分析天平读数每隔 5 s 将自动记录。测试 1 h 后,将碳化向日葵与聚苯乙烯泡沫放置在水面上,重复上述步骤。

（6）蒸发效率的计算公式为

$$\eta = \frac{H_e}{A \cdot I} \cdot \frac{\mathrm{d}m}{\mathrm{d}t} \tag{38-3}$$

式中,H_e 为水的汽化焓;

　　A 为受到太阳光照射的面积;

　　I 为光照强度;

　　m 代表烧杯中水的质量;

　　t 表示蒸发时间。

五、实验数据处理

（1）整理实验中测得的各数据。

（2）计算在碳化过程中向日葵的质量损失和体积损失。

（3）计算碳化向日葵的孔隙率。

（4）以时间为横坐标,质量变化（$\mathrm{kg} \cdot \mathrm{m}^{-2}$）为纵坐标,绘出不使用碳化向日葵和使用碳化向日葵时的质量变化曲线,根据斜率求出蒸发速率（$\mathrm{kg} \cdot \mathrm{m}^{-2} \cdot \mathrm{h}^{-1}$）。

（5）计算并比较直接蒸发和界面蒸发的蒸发效率。

六、实验注意事项

（1）碳化过程中会产生一定量的有害气体,应注意尾气处理。

（2）在碳化过程中由于温度的上升,管式炉内气体会膨胀,注意观察排出气体的流速,避免管式炉内压力过大。

（3）模拟光源与蒸发界面的距离与角度都会影响实验结果。应始终保持 90° 和固定的距离。

七、思考题

（1）本实验中聚苯乙烯泡沫的作用是什么?

（2）本实验中有哪些因素可能会影响蒸发效率?

（3）碳化向日葵具有哪些性能? 在界面蒸发中分别起到什么作用?

参考书目及文献

思考题参考答案

实验 39 木质素的解聚及产物分析

一、实验目的

（1）了解木质素的结构和种类；

（2）掌握木质素碱催化氧化解聚的基本原理；

（3）了解气相色谱-质谱联用的基本结构及使用方法。

二、实验原理

1. 木质素的结构和种类

木质素是生物质的三大组成成分之一，其含量仅次于纤维素和半纤维素。在木质纤维素生物质中，木质素是细胞壁的重要组成部分，位于纤维素和半纤维素之间，可增加细胞壁的强度和刚性。木质素的组成和含量一般取决于物种种类、植物部位、生长条件等因素，因此原生木质素的结构几乎未知。

通常认为，木质素是一种由三种苯基丙烷单体通过无规则交联聚合形成的三维无定形多酚类聚合物，其代表性结构见图 39-1。一般认为它有三种基本结构单体，分别是紫丁香基丙烷、愈创木基丙烷和对羟苯基丙烷，分别对应三种前驱体，即对香豆醇（p-coumaryl alcohol）、松柏醇（coniferyl alcohol）和芥子醇（sinapyl alcohol）（见图 39-1）。根据所含有的甲氧基的数目从少到多，这三种单体分别称为 H 型、G 型和 S 型木质素单体。这三种结构单体通过一系列的 C—O 键和 C—C 键连接，如 β-O-4、α-O-4、4-O-5、β-5、β-1 和 β-β 等，其中

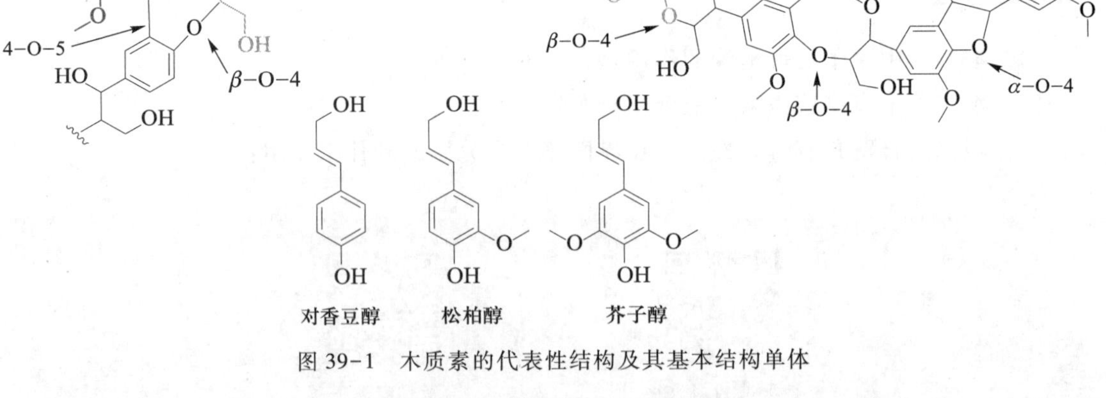

图 39-1 木质素的代表性结构及其基本结构单体

β-O-4 键占所有连接键的一半以上。此外,木质素的结构单体的侧链上含有各种不同的基团,多为极性基团,如羟基、羧基和甲氧基等,较多羟基的存在使木质素分子间形成很强的氢键,使木质素结构复杂、稳定难溶,难以直接在工业上得以应用。

工业木质素是经过预处理生成的纯度较高的木质素,不同的预处理方式将不同程度地改变其结构和连接方式。根据预处理方式的不同,工业木质素可分为木质素硫酸盐、木质素磺酸盐、有机溶剂木质素、碱性木质素及热解木质素等。目前在纸浆和造纸工业中产生最多的工业木质素是木质素硫酸盐,它是通过氢氧化钠和硫化钠处理的木质素,木质素分子中连接键发生改变,并且引入了新的基团——硫。在纸浆行业中,另一种常见的木质素的处理方式是使用亚硫酸盐处理,生成木质素磺酸盐,该木质素引入了磺酸根离子,因此其水溶性较好。不同的木质素预处理方式使用了不同的降解技术和反应条件(包括温度、压力、溶剂和pH 范围),因此原生木质素的分子被不同程度地降解,不仅产物的结构和分子量不同,而且引入的新基团也有所不同。

2. 木质素的碱催化氧化解聚

碱催化氧化解聚是木质素解聚的重要方式。在水热条件下,碱能够夺取木质素结构中的活泼氢从而引发醚键的断裂,进而生成芳香小分子或低聚物。最常用的碱性试剂有NaOH、KOH 和 Na_2CO_3。常用的氧化剂中,硝基苯、金属氧化物和氧气是能够保留产物中苯环和醛基的温和氧化剂,而双氧水和高锰酸钾不利于醛基的生成。在碱催化机理中,认可度最高的是自由基链反应机理,如图 39-2 所示。首先,木质素的结构单元 I 发生脱水产生了苯氧基阴离子 II,该单元失去一个电子生成苯氧自由基 III,该自由基发生歧化反应或者质子脱离,进而氧化生成醌 IV,氢氧根对其进行亲核加成进而生成了松柏醛 V,最后松柏醛发生羟醛缩合逆向反应生成香草醛 VI。

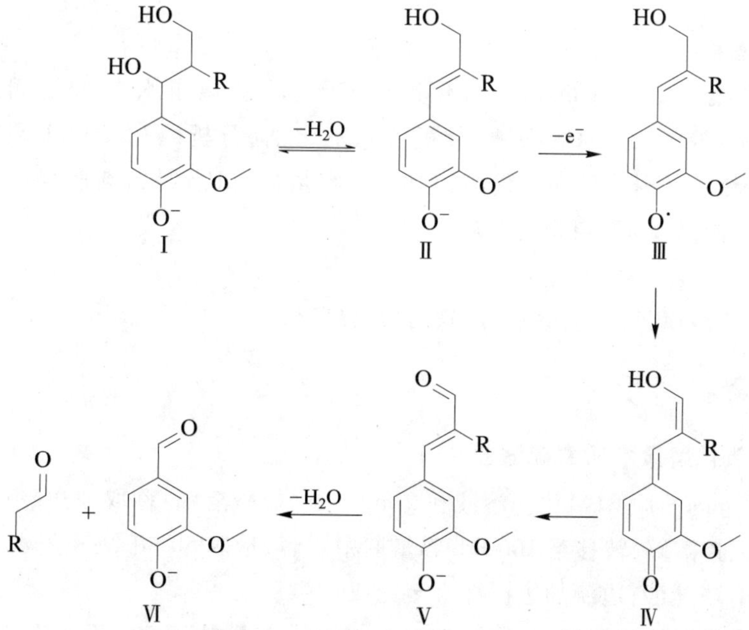

图 39-2　木质素生成香草醛的碱性氧化反应机理

3. 气相色谱-质谱仪的组成和工作原理

气相色谱法是一种分离技术,主要利用混合物中各组分在性质和结构上的差异,使其在色谱柱中滞留时间的长短不同而造成流出时间的不同,从而达到分离的目的。质谱是使混合物或单体形成离子,然后按照质荷比 m/z 进行分离和分析的。因此,气相色谱-质谱联用技术既发挥了气相色谱的高分离能力,又发挥了质谱的高鉴别能力。图 39-3 是其组成和工作示意图,有机混合物在色谱柱进行分离后,经过接口进入离子源被电离成离子,离子进入质量分析器后,经过连续的扫描进行数据采集,每扫描一次就得到了一张质谱图。通过对所有流入离子的扫描,可以得到一个总离子强度图,总离子强度随时间变化正是流入质谱仪的色谱组分变化的反应。连续扫描的总离子强度随扫描时间的变化曲线就相当于一张色谱图,称为离子流色谱图(TIC)。对于 TIC 的每一个离子峰,都可以给出相应的质谱图,由此可以推测每个色谱峰的物质结构。而 TIC 的每个峰的保留时间、峰高和峰面积都可以作为每种物质的定性和定量参数。

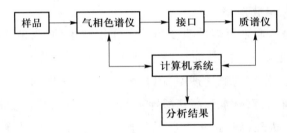

图 39-3 气相色谱-质谱联用仪的组成和工作示意图

三、主要试剂、器材及仪器

1. 试剂与器材

木质素硫酸盐(Kraft lignin),氢氧化钠(分析纯),去离子水,乙酸乙酯(分析纯),甲醇,浓盐酸(36%~38%),无水硫酸钠(分析纯),氯化钠(分析纯)。50 mL 聚四氟乙烯内衬的高压反应釜,磁子,烧杯,50 mL 量筒,100 mL 容量瓶,pH 试纸,圆底烧瓶,分液漏斗,漏斗,脱脂棉,玻璃棒,1.5 mL 自动进样瓶。

2. 仪器

分析天平,油浴锅,气相色谱-质谱联用仪,旋蒸仪。

四、实验步骤

1. 碱催化氧化解聚木质素硫酸盐

(1) 配制 2 mol·L^{-1}氢氧化钠溶液和 2 mol·L^{-1}盐酸溶液:称取 8.0 g NaOH,加入一定量的去离子水搅拌溶解,转移至 100 mL 容量瓶中定容;量取 50 mL 去离子水于烧杯中,然后缓慢加入 10 mL 浓盐酸,边滴加边搅拌直至完成。

(2) 木质素硫酸盐的解聚:先称取 250 mg 木质素硫酸盐于 50 mL 带有磁子的聚四氟乙烯内衬中,然后加入 30 mL 氢氧化钠溶液,盖上内衬盖子。将内衬放入高压反应釜中,旋紧外盖,然后将该高压反应釜转移至油浴锅,启动搅拌器。设置油浴温度为190℃,待温度升至设定温度后开始计时。反应22 h后,取出高压反应釜,在空气中冷却至室温。设置对比实验,实验温度分别为150℃和170℃。

(3)反应的后处理:将冷却后的反应液过滤,去掉滤渣,在滤液中滴加(2 mol·L^{-1})盐酸溶液,将其pH调节至2。将酸性溶液转移至分液漏斗中,加入25 mL乙酸乙酯萃取,加入少量氯化钠加速乳液分层,取上层清液于圆底烧瓶中,下层水溶液继续用乙酸乙酯萃取两次。合并三次乙酸乙酯萃取液,用无水硫酸钠干燥。过滤后,将乙酸乙酯溶液在旋蒸仪上旋干,得到产物。取10 mL甲醇将产物完全溶解,过滤,取1.5 mL滤液于自动进样瓶中,待分析。

2. 气相色谱–质谱仪对产物的分析

色谱柱采用ZB-5HT(30.0 m × 0.25 μm × 0.25 mm)。气相色谱的进样条件:流速为1 mL·min^{-1};程序升温模式:100℃保留1 min,然后以8℃·min^{-1}速率从100℃升温至220℃,再以40℃·min^{-1}速率从220℃升至300℃,保留2 min;进样口采用分流模式,其温度为290℃;氢火焰离子化检测器的温度为300℃;载气为高纯氮气;进样体积为0.2 μL。将自动进样瓶置于气相色谱–质谱联用仪的样品盘上,待程序设置完毕,温度升至设定温度后开始进样,保存得到的离子流色谱图。

五、实验数据处理

(1)打开离子流色谱图,找到图中每一个峰对应的质谱图,根据数据库给出的可能的小分子结构及相应的分子量,指出木质素解聚后所含有的单体。

(2)根据峰面积的百分比,粗略计算各个单体在产物中的摩尔分数。

(3)根据不同反应温度下获得的色谱图中小分子的峰面积的大小,比较不同温度下木质素产物中小分子总收率大小。

六、实验注意事项

(1)配制强碱溶液和强酸溶液都是放热过程,一定要在加入固体氢氧化钠或者滴加浓盐酸于去离子水中时进行搅拌。

(2)反应结束后,一定要等高压反应釜自然冷却至室温,切不可在温度降到室温以前强行打开,以免发生危险。

(3)萃取时,乙酸乙酯和酸性水溶液形成乳液,分层不明显,这是因为乙酸乙酯在水中有一定的溶解度。此时可向其中加入盐,如氯化钠,可以降低其溶解度,加速分层。

七、思考题

(1)温度对木质素解聚的转化率以及小分子的影响有哪些?

(2)如果获得的产物中芳香小分子为愈创木酚、香兰素和夹竹桃麻素,试写出小分子的结构,并判断该木质素可能是哪种类型的木质素(H型、G型或S型)。

(3)反应后的滤渣的主要成分是什么?

156

（4）反应后为什么要酸化反应液？

（5）用碱催化氧化法解聚木质素，还有哪些可以改善的地方？

参考书目及文献

思考题参考答案

实验 40　六角铁酸钡/聚苯胺纳米复合材料的制备及其电性能测试

一、实验目的

（1）熟悉有机/无机纳米复合材料的制备工艺流程；

（2）掌握导电高分子聚苯胺的表面沉积聚合方法；

（3）熟悉直流四探针测试材料电阻率的基本方法。

二、实验原理

1. 有机/无机纳米复合材料

有机/无机纳米复合材料是以有机高分子和无机非金属材料，至少在一维以纳米尺度进行复合而得到的材料。通过有机/无机纳米复合，所获得的复合材料往往可以部分保持单一材料的性能优势，并在一定程度上弥补单一材料的性能缺陷；与此同时，源自纳米效应，纳米复合材料被赋予许多特殊性能和功能，如光、电、磁、热及催化等。

制备有机/无机纳米复合材料的方法可以分为在制备过程中的直接复合和在成功制备有机与无机材料后进行的共混复合。为了有效地发挥有机相与无机相的性能及纳米效应，界面结构的设计对于有机/无机纳米复合材料尤为关键。

本实验选择六角铁酸钡纳米粉体为无机相，以导电聚苯胺为有机相，通过六角铁酸钡纳米粉体参与苯胺聚合制备聚苯胺的合成过程，制备六角铁氧体/聚苯胺纳米电、磁复合材料。

2. 导电高分子

导电高分子可分为本征型导电高分子和非本征型导电高分子两类，前者源自高分子自身结构特点实现高分子的导电；后者通过向高分子中加入导电功能填料（如碳纤维、碳纳米管、金属纤维等）实现导电。聚苯胺是一种典型的本征型导电高分子，它的导电性按照"四环苯醌变体"模型认为，源自质子酸掺杂后，聚苯胺所形成共轭结构，未参与杂化的 p 轨道上的电子在一定范围内可自由移动。

合成聚苯胺的常用方法有化学氧化聚合和电化学聚合。化学氧化聚合是以苯胺为单体，在酸性介质中以过硫酸盐或重铬酸钾等作为氧化剂而发生氧化偶联聚合。聚合时所用的酸通常为挥发性质子酸，浓度一般控制在 $0.5 \sim 4.0 \ \mathrm{mol \cdot L^{-1}}$。反应介质可为水、甲基吡咯烷酮等极性溶剂，可采用乳液聚合和溶液聚合方式进行。介质酸提供反应所需的质子，同时以掺杂剂的形式进入聚苯胺主链，使得到的聚苯胺具有导电性。

本实验制备聚苯胺导电高分子采用的就是苯胺化学氧化聚合方法。

3. 直流四探针测试电阻率

采用直流四探针测试复合材料的电性能，其测试原理如图 40-1 所示。均匀样品电阻率为 ρ。假设几何尺寸相对于探针间距来说可以是半无限大，当探针引入的点电流源的电流为 I，那么均匀导体内恒定电场的等位面为球面，则在半径为 r 处等位面的面积为 $2\pi r^2$，距离点

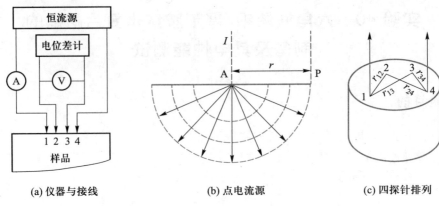

(a) 仪器与接线　　　　　　　(b) 点电流源　　　　　　　(c) 四探针排列

图 40-1　四探针法测试原理示意图

电荷 r 处的电势为 $V = I\rho/(2\pi r)$，则计算得到样品的电阻率：

$$\rho = \frac{V_{23}}{I} 2\pi \left(\frac{1}{r_{12}} - \frac{1}{r_{24}} - \frac{1}{r_{13}} + \frac{1}{r_{24}} \right)^{-1} \qquad (40-1)$$

若四探针处在同一平面的一条直线上，则

$$\rho = \frac{V_{23}}{I} 2\pi \left(\frac{1}{S_1} - \frac{1}{S_1 + S_2} - \frac{1}{S_2 + S_3} + \frac{1}{S_3} \right)^{-1} \qquad (40-2)$$

三、主要试剂、器材及仪器

1. 试剂与器材

六角铁酸钡纳米粉体，1 mol·L⁻¹盐酸，苯胺，过硫酸铵。量筒，200 mL 烧杯，250 mL 三颈烧瓶，移液枪。

2. 仪器

分析天平，机械搅拌器（配聚四氟搅拌桨），超声波细胞粉碎机，集热式恒温磁力搅拌浴，离心机，低温恒温循环水槽，电热恒温鼓风干燥箱，四探针电阻仪。

四、实验步骤

1. 六角铁酸钡/聚苯胺纳米复合材料的制备

（1）称取 2.4 g 六角铁酸钡纳米粉体，量取 120 mL 1 mol·L⁻¹盐酸，置于 200 mL 烧杯中；超声分散 30 min 后，使用移液枪向烧杯中移入 500 μL 苯胺，继续超声 30 min，得到悬浮液。

（2）将所得到的悬浮液转移至 250 mL 三颈烧瓶，并在冷水浴中搅拌，保持体系温度为 0~5℃。

（3）称取 1.5 g 过硫酸铵，溶于 10 mL 1 mol·L⁻¹盐酸溶液，预冷至 0~5℃后，缓慢滴加入三颈烧瓶。

（4）待滴加结束后，继续搅拌、聚合反应 20 h，经过滤收集产物，用乙醇和去离子水分别洗涤，直至滤液变为无色。

（5）所得到的滤出产物，置于烘箱 60℃ 中烘干 12 h，得到产物粉体，称量，并计算产率。

2. 直流四探针测试复合材料的电阻率

（1）称量 1.5 g 所制备的纳米复合材料，采用压片机，用直径 20 mm 的圆片模具，缓慢加压，过程中排气一次，后达到压力后，保压 5 min 后，脱模取片。

（2）启动数字型四探针电阻仪，预热仪器 30 min，放置样品，调节四探针支架，使得四探针所有针尖与样品接触良好。

（3）将四探针接线，测量四探针的几何参数，测试电流和电压，计算得到纳米复合材料的电阻率。

（4）旋转样品，多次测量，得到平均电阻率。

五、实验数据处理

（1）根据投料与聚合所得到的产物质量，计算沉积聚合制备六角铁酸钡/聚苯胺纳米复合材料的产率。

（2）记录直流四探针法测试过程中的几何参数和电流、电压值，根据式（40-1）和式（40-2）计算复合材料的电阻率和平均电阻率。

六、实验注意事项

（1）聚合过程中使用苯胺时，注意个人防护，避免沾染和吸入。

（2）电阻率测试时保持环境温度与湿度稳定，避免手直接接触试样，避免污染带来的测试结果的偏差。

七、思考题

（1）为什么本实验聚合温度采用 0~5℃？如果提高聚合温度，将会产生什么样的问题？

（2）要使得苯胺在六角铁酸钡纳米粉体实现沉积聚合，对六角铁氧体纳米粉体有什么性质的要求？

（3）影响最终合成的纳米复合材料的电阻率的影响因素有哪些？为了提高纳米复合材料的电阻率，可以采用什么方法？

（4）如果所得到产物中六角铁酸钡和聚苯胺相对含量与实验设计值存在比较大的差异，讨论造成这一现象的原因。

参考书目及文献

思考题参考答案

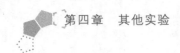
实验41　水溶性羟丙基β-环糊精/二茂铁超分子包合物的制备及其电化学循环伏安性质的研究

一、实验目的

（1）了解二茂铁的结构及性能；

（2）了解超分子化学主客体相互作用的基本原理；

（3）熟悉环糊精/二茂铁超分子包合物的制备方法；

（4）掌握电化学工作站的基本工作原理及三电极体系，掌握使用方法；

（5）了解循环伏安法的基本原理，掌握数据的处理方法。

二、实验原理

1. 实验简介

二茂铁（ferrocene，简称 Fc）及其衍生物的特殊理化性质使他们在很多领域被广泛使用，例如利用其优良的氧化还原特性，在电化学研究体系中常用其电化学氧化还原反应电位作为电位的参考坐标。在电化学反应过程中，Fc 具有快速响应电活性物质的各种属性，如低分子量、可逆性性、稳定的氧化还原态等。其作为一种有效的电子转移媒介体，被广泛地应用在生物电催化、电分析等领域。然而，Fc 的非水溶性限制了它在水相中的使用。利用环糊精（cyclodextrin，简称 CD）对 Fc 的包合作用，可使其与 Fc 反应形成水溶性较好的环糊精-Fc 超分子包合物而增加 Fc 在水相中溶解性。CD 是直链淀粉在由芽孢杆菌产生的环糊精葡萄糖基转移酶作用下生成的一系列环状低聚糖的总称，通常含有 6~12 个 D-吡喃葡萄糖单元。CD 分子具有的外亲水内疏水的空腔结构使其能够和许多特定尺寸的疏水客体分子形成包合物。自从 Harada 和 Takahashi 报道了 Fc-CD 包合物，Fc 及其衍生物与 CD 的包合物的电化学研究逐渐成为一个研究热点，因为 CD 包合物提高了 Fc 的溶解度、电化学氧化还原稳定性、生物利用度。

本实验以 β-环糊精聚合物（β-cyclodextrin polymer，简称 β-CDP）为主体分子、Fc 为客体分子制备了高水溶性的二茂铁-环糊精聚合物（ferrocene-β-cyclodextrin polymer，简称 Fc-β-CDP）。β-CDP 由 β-CD 在碱性条件下和环氧氯丙烷（epichlorohydrin，简称 EP）发生交联反应制得。β-CDP 具有很好的超分子识别能力，促使 Fc-β-CDP 相比 Fc 具有更高的水溶性和热稳定性。本实验通过电化学循环伏安法对 Fc-β-CDP 溶液检测，能够计算出包合物中二茂铁的氧化态与还原态的扩散系数，并且熟悉电化学工作站循环伏安法的测试。

2. 环糊精简介

环糊精（cyclodextrins）是一类是经葡萄糖糖基转移酶发酵，由 D-吡喃葡萄糖单元通过 α-1,4-葡萄糖苷键首尾相连而成的大环分子，常见的环糊精有三种，分别是 α-环糊精、β-环糊精、γ-环糊精，它们分别由 6、7、8 个葡萄糖单元构成，其结构式如图 41-1 所示。根据其葡萄糖单元数量的不同，分子内径尺寸也会不同。在环糊精分子中，每个吡喃葡萄糖单

元均为 $^4C_1$ 椅式构象,6 位羟基和 2,3 位羟基分别位于环糊精分子的上下两端,使其呈"截顶圆锥状"空腔的结构,葡萄糖单元中所有 6 位羟基都处于截锥状结构的上面(较窄端),而所有 2,3 位羟基位于截锥状结构的下面(较阔端)。环糊精分子外壁的许多羟基使其空腔外壁表面具有亲水性,而内壁是由环糊精分子的 C3 和 C5 上的氢原子和葡萄糖苷键上的氧原子构成,故其空腔内部呈疏水性。环糊精的特殊分子结构使其能够像生物酶那样提供疏水的结合位点而选择性地键合各种有机、无机和生物分子形成主客体复合物。

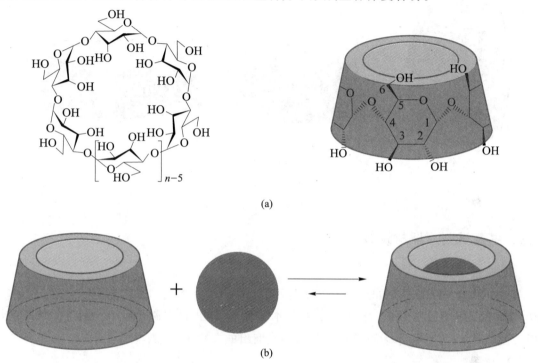

(a)

(b)

图 41-1　(a) 环糊精[α-环糊精($n=6$), β-环糊精($n=7$), γ-环糊精($n=8$)]
和(b)环糊精与小分子形成超分子包合物

　　环糊精及其的衍生物作为一类重要的超分子主体分子,能够与许多客体分子结合形成超分子主-客体系,从而作为模型包合物来研究分子间的相互作用。作为第二代超分子,它可以通过"内识别"(主要是范德华力、疏水作用力、色散力等弱的相互作力与客体形成"笼状"包合物)和"外识别"(主要是通过氢键与客体分子相互作用形成"管道型"产物)两种方式,与有机化合物、无机离子甚至气体分子等各种客体通过分子间相互作用,形成主-客体包合物。

　　环糊精只有对客体分子进行包合,才能实现分子间的识别。通常在水溶液中,环糊精的空腔被水分子占据,当合适的客体分子进入体系时,环糊精空腔内部的氢键会发生破坏,客体分子进入空腔,将空腔内的水分子释放出来,客体分子与环糊精形成主-客体配合物。因为环糊精的包合过程涉及多种作用力(如疏水作用力、范德华力、分子间氢键和静电力等)协同作用,所以相互作用会随着客体分子的极性、分子尺寸、立体构象等因素的不同而使包合过程出现差异。一般, α-环糊精的空腔尺寸适合与芳香族化合物(苯、苯酚、偶氮苯等)形成主-客体包合物; β-环糊精与萘环、二茂铁、金刚烷形成稳定的包合物; γ-环糊精的空腔尺寸则适合于芘、蒽、菲等大尺寸的客体分子相匹配。对于相同的客体分子,环糊精的包合也会由于空腔尺寸的差异而产生不同的结果。如二茂铁及其衍生物能够分别与 α-环糊精生成 1:2 的包合物,而与 β-环糊精、γ-环糊精形成稳定的 1:1 的包合物,它们的结构如图 41-2 所示。二茂铁在 β-环糊精的空腔内是垂直插入的,其 Cp-Fe-Cp 轴与环糊精空腔的中心轴相平行,而在 γ-环糊精二茂铁包合物中,Cp-Fe-Cp 轴的方向垂直于环糊精空腔的中心轴。

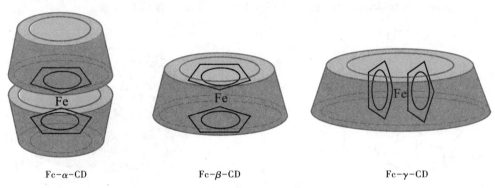

Fc-α-CD   Fc-β-CD   Fc-γ-CD

图 41-2　环糊精二茂铁包合物的结构示意图

三、主要试剂、器材及仪器

1. 试剂与器材

二茂铁(购自 Sigma-Aldrich),EP(分析纯),β-CD(分析纯),乙二醇(分析纯),无水乙醇,稀硝酸,丙酮,β-CDP(合成方法参考本实验后给出的文献[6],可在实验前提前准备),去离子水(实验用水为石英亚沸蒸馏器蒸馏出的二次水)。

2. 仪器

离心机,超声波水浴仪,分析天平,CHI660E 电化学工作站,玻碳电极,铂丝电极,饱和甘汞电极。

四、实验步骤

1. Fc-β-CDP 的合成

Fc-β-CDP 的合成方法如图 41-3 所示。将 4 g β-CD 溶解于 100 mL 乙二醇中,待 β-CDP 全部溶解后加入 2 g 二茂铁,25℃下磁力搅拌 0.5 h,静置 1 h。将包合物溶液过滤,除去未溶解的二茂铁,得橙黄色包合物溶液。向溶液中加入 100 mL 丙酮,使黄色包合物固体析出,过滤,固体用无水乙醇洗涤,65℃下真空干燥 12 h,得到黄色固体粉末,即 Fc-β-CDP。

2. Fc-β-CDP 的电化学性质测定

电化学实验在 CHI660E 电化学工作站上完成。电化学测量采用自制的夹套式三电极电解池,工作电极是直径为 4 mm 的玻碳电极,参比电极为饱和甘汞电极,铂丝用作对电极。实验温度由恒温器控制,控制精度±0.1℃。电极的清洗:将玻碳电极抛光,分别用稀硝酸、无水乙醇、去离子水超声洗涤 2 min,用高纯氮气吹干待用。

配制 10 g·L^{-1} 的 Fc-β-CDP 磷酸缓冲溶液(pH=6.8)。在三电极体系下,对其进行循

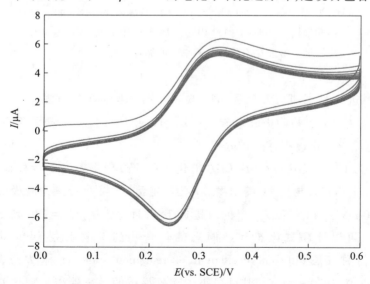

⬡ β-CD聚合物中的β-CD单元　　〜〜 β-CD聚合物中的EP单元　　○ 客体分子: Fc

图 41-3　Fc-β-CDP 的合成方法示意图

环伏安测试,在 100 mV · s^{-1} 的固定扫描速率下,连续多圈扫描得到的循环伏安曲线。参数设置:扫描速率 100 mV · s^{-1},采样间隔 1 mV,扫描范围 0.0~0.6 V(vs. SCE),循环圈数 20。

随后,进行不同扫描速率下的循环伏安测试,扫描速率设定为 5 mV · s^{-1}、10 mV · s^{-1}、20 mV · s^{-1}、30 mV · s^{-1}、40 mV · s^{-1}、50 mV · s^{-1}、60 mV · s^{-1}、80 mV · s^{-1}、100 mV · s^{-1}、200 mV · s^{-1}、400 mV · s^{-1}、600 mV · s^{-1}、800 mV · s^{-1}、1000 mV · s^{-1}、1500 mV · s^{-1}。参数设置:扫描速率 5~1500 mV · s^{-1},采样间隔 1 mV,扫描范围 0.0~0.6 V(vs. SCE),循环圈数 1。

五、实验数据处理

通过测试所得的数据,用 Origin 软件处理循环伏安曲线制作循环伏安图。图 41-4 为 25℃、扫描速率 100 mV · s^{-1} 时,在 0.1 mol · L^{-1} PBS(pH = 6.8)中 Fc-β-CDP 溶液(10 g · dm^{-3})的多圈循环伏安曲线。与 Fc 在乙醇中的循环伏安图相似,电位窗口在 0~0.6 V(vs. SCE)时出现一对 Fc-β-CDP 的电化学氧化还原峰,这说明包合物以 Fc 为电子

图 41-4　25℃、扫描速率 100 mV · s^{-1} 时,在 0.1 mol · L^{-1} PBS(pH=6.8)中
Fc-β-CDP 溶液(10 g · dm^{-3})的多圈循环伏安曲线

转移媒介体,其中氧化峰对应于 Fc-β-CDP 失去电子生成氧化态的 Fc$^+$-β-CDP 的反应,而还原峰对应于 Fc$^+$-β-CDP 得到电子还原生成 Fc-β-CDP 的过程。随着扫描圈数的增加,电流只有少量的下降,到第三圈之后电流稳定,说明包合物中的大分子并没有富集在电极表面阻碍电子传递啊,良好的水溶性为 Fc-β-CDP 能够在水相中的电化学应用提供了条件。

图 41-5 为 25℃时,在 0.1 mol·L^{-1} PBS(pH=6.8)中 Fc-β-CDP 溶液(10 g·dm^{-3})在不同扫描速率下的循环伏安曲线。根据 Randles-Sevick 公式,即

$$I_p = -(2.69 \times 10^5) \, n^{3/2} Ac^* D^{1/2} v^{1/2} \tag{41-1}$$

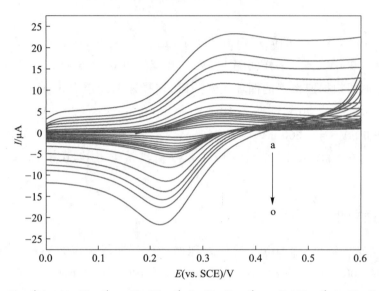

a—5 mV·s^{-1};b—10 mV·s^{-1};c—20 mV·s^{-1};d—30 mV·s^{-1};e—40 mV·s^{-1};f—50 mV·s^{-1};

g—60 mV·s^{-1};h—80 mV·s^{-1};i—100 mV·s^{-1};j—200 mV·s^{-1};k—400 mV·s^{-1};

l—600 mV·s^{-1};m—800 mV·s^{-1};n—1000 mV·s^{-1};o—1500 mV·s^{-1}

图 41-5　25℃时,在 0.1mol·L^{-1} PBS(pH=6.8)中 Fc-β-CDP(10 g·dm^{-3})

溶液在不同扫描速率下的循环伏安曲线

对 I_p 和 $v^{-1/2}$ 进行线性拟合,见图 41-6,结果得到良好的线性关系($R^2 = 0.9945$,0.9728,分别对应 I_{pa}-$v^{-1/2}$ 与阴极峰电流 I_{pc}-$v^{-1/2}$)。说明在此实验条件下 Fc-β-CDP 电化学氧化还原过程是准可逆过程并受扩散控制。

设 $n(n=1)$ 为 Fc-β-CDP/Fc$^+$-β-CDP 电化学反应过程中的电子转移数,A 为电极的面积(0.1256 cm^2),c 为包合物中 Fc 的浓度。I_p 为峰电流,I_{pa} 与 I_{pc} 分别为阳极峰电流与阴极峰电流,在 5~1500 mV s^{-1} 扫速下,I_{pa}/I_{pc} 的值接近于 1(理论上 $I_{pa}/I_{pc}=1$),但是 I_{pa} 略小于 I_{pc}。根据式(41-1),可以计算氧化态和还原态的包合物的扩散系数(diffusion coefficient of oxidation state,简称 D_O;diffusion coefficient of reduction state,简称 D_R),分别为 3.5×10^{-7}cm^2·s^{-1} 和 3.9×10^{-7}cm^2·s^{-1},其结果小于文献报道的二茂铁衍生物与 β-CD 包合物的扩散系数(1.9×10^{-6} cm^2·s^{-1}),说明在包合物中由于聚合物大分子链影响了 Fc 的扩散。

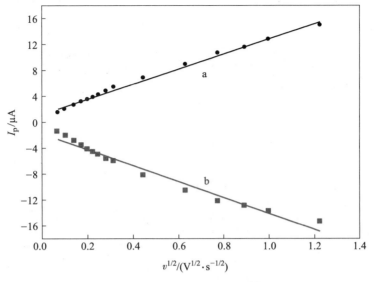

图 41-6　以（a）I_{ap} 和（b）I_{cp} 对 $v^{1/2}$ 作图

六、思考题

（1）二茂铁与环糊精的超分子包合作用是化学反应吗？

（2）包合物的解离常数的测定方法有哪些？

（3）为什么通过包合物的制备改善了二茂铁在水相中的电化学性质？

（4）实验过程中应注意哪些问题？

参考书目及文献

思考题参考答案

读者意见反馈

为收集对教材的意见建议,进一步完善教材编写并做好服务工作,读者可将对本教材的意见建议通过如下渠道反馈至我社。

咨询电话　400-810-0598

反馈邮箱　hepsci@pub.hep.cn

通信地址　北京市朝阳区惠新东街4号富盛大厦1座

　　　　　高等教育出版社理科事业部

邮政编码　100029